Enke

kleintier.konkret | praxisbuch

Verhaltensmedizin bei der Katze

Leitsymptome, Diagnostik, Therapie und Prävention

Sabine Schroll
Joël Dehasse

2., aktualisierte Auflage

39 Abbildungen
8 Tabellen

Enke Verlag · Stuttgart

Bibliografische Information
der Deutschen Nationalbibliothek

Die Deutsche Nationalbibliothek verzeichnet diese Publikation in der Deutschen Nationalbibliografie; detaillierte bibliografische Daten sind im Internet über
http://dnb.d-nb.de abrufbar.

Anschriften der Autoren:

Dipl. TÄ Sabine Schroll
Hohensteinstraße 22
3500 Krems
Österreich

Dr. Joël Dehasse
3 avenue du Cosmonaute
1150 Bruxelles
Belgien

1. Auflage 2004

Unsere Homepage: www.enke.de

Printed in Germany

Eine Veröffentlichung der Redaktion
der Zeitschrift kleintier konkret
Enke Verlag in
MVS Medizinverlage Stuttgart GmbH & Co. KG

Umschlaggestaltung: Thieme Verlagsgruppe
Satz: Sommer Druck, 91555 Feuchtwangen
gesetzt in Quark XPress 7.31
Druck: AZ Druck und Datentechnik GmbH,
87437 Kempten

ISBN 978-3-8304-1081-2 1 2 3 4 5 6

Wichtiger Hinweis: Wie jede Wissenschaft ist die Veterinärmedizin ständigen Entwicklungen unterworfen. Forschung und klinische Erfahrung erweitern unsere Kenntnisse, insbesondere was Behandlung und medikamentöse Therapie anbelangen. Soweit in diesem Werk eine Dosierung oder eine Applikation erwähnt wird, darf der Leser zwar darauf vertrauen, dass Autoren, Herausgeber und Verlag große Sorgfalt darauf verwandt haben, dass diese Angabe dem **Wissensstand bei Fertigstellung des Werkes entspricht.**

Für Angaben über Dosierungsanweisungen und Applikationsformen kann vom Verlag jedoch keine Gewähr übernommen werden. **Jeder Benutzer ist angehalten,** durch sorgfältige Prüfung der Beipackzettel der verwendeten Präparate – gegebenenfalls nach Konsultation eines Spezialisten – festzustellen, ob die dort gegebene Empfehlung für Dosierungen oder die Beachtung von Kontraindikationen gegenüber der Angabe in diesem Buch abweicht. Eine solche Prüfung ist besonders wichtig bei selten verwendeten Präparaten oder solchen, die neu auf den Markt gebracht worden sind. Vor der Anwendung bei Tieren, die der Lebensmittelgewinnung dienen, ist auf die in den einzelnen deutschsprachigen Ländern unterschiedlichen Zulassungen und Anwendungsbeschränkungen zu achten. **Jede Dosierung oder Applikation erfolgt auf eigene Gefahr des Benutzers.** Autoren und Verlag appellieren an jeden Benutzer, ihm etwa auffallende Ungenauigkeiten dem Verlag mitzuteilen.

Geschützte Warennamen (Warenzeichen®) werden **nicht immer** besonders kenntlich gemacht. Aus dem Fehlen eines solchen Hinweises kann also nicht geschlossen werden, dass es sich um einen freien Warennamen handelt.

Vorwort zur 2. Auflage

Mit großer Freude haben wir uns an die Überarbeitung der „Verhaltensmedizin bei der Katze“ gemacht, denn es bedeutet, dass die erste Auflage verkauft ist und hoffentlich in vielen Praxen regelmäßig zur Hand genommen wird!
Die Katze wird immer häufiger ausschließlich in der Wohnung gehalten und das hat sehr oft zur Folge, dass ihre natürlichen Verhaltensweisen und Bedürfnisse ignoriert oder missachtet werden. Daher betreffen die wesentlichsten Neuerungen in der 2. Auflage auch die Möglichkeit, Katzen artgerechter zu beschäftigen – sei es mit Activity feeding oder Clickertraining.
Der Besitzer möchte gerne eine freundliche und unkomplizierte, verschmuste und gesellige, saubere und pflegeleichte Katze (wieder-)haben. Nicht immer wird eine Behandlung all das ermöglichen. Aber wir können einem Besitzer mit einer guten und ehrlichen, empathischen Verhaltenskonsultation oder Therapie helfen, seine Katze zu verstehen und sie in ihrer Art zu respektieren, auf dass die Beziehungsfrakturen wieder heilen können.

Sabine Schroll und Joël Dehasse — Krems und Brüssel, November 2008

Vorwort zur 1. Auflage

Die Katze gewinnt als Patient in der Kleintierpraxis mehr und mehr Bedeutung. Damit werden dem Praktiker auch immer öfter Verhaltensprobleme und psychische Störungen präsentiert, die die Lebensqualität der Katze, die Mensch-Katze-Beziehung, aber auch die Beziehungen von Katzen untereinander beeinträchtigen.
Unser Ziel ist es, dem allgemeinmedizinisch tätigen Praktiker wie auch dem Spezialisten die Bausteine und das Werkzeug zu geben, mit denen er diese psychischen Probleme in seiner Praxis behandeln kann. Die Verhaltensmedizin liefert ein **medizinisches Modell,** das sich nicht nur mit der Physiologie und Pathologie von Verhaltensweisen, sondern auch mit den anderen Elementen der Psyche wie Stimmung, Emotionen, Kognition und Wahrnehmung beschäftigt. Die untrennbare Verbindung von physischer und psychischer Gesundheit, die sich immer wechselseitig beeinflusst, macht die verhaltensmedizinische Betreuung der Katze zur eindeutig **tierärztlichen Aufgabe.** Verhaltensstörungen sind somit auch keine Verlegenheitsdiagnosen, die erst nach Ausschluss aller organischen Erkrankungen gestellt werden können. Unser Modell für dieses tierärztliche Fachgebiet ist vor allem **pragmatisch und lösungsorientiert.** Wir liefern Bausteine, Werkzeuge und Pläne, die dem Tierarzt wie eine Landkarte einen Überblick verschaffen und das Verständnis erleichtern. All dies kann und wird aber erst durch die eigene individuelle Arbeit in der Praxis zur Realität werden!
Unseren herzlichen Dank an Frau Dr. Ulrike Arnold, die uns mit ihrer Begeisterung für dieses Buch immer wieder ermuntert hat. Auch die angenehme und anregende Zusammenarbeit mit Frau Sigrid Unterberg und Frau Dr. Christine Waage war uns eine große Hilfe.

Sabine Schroll und Dr. Joël Dehasse — Krems und Brüssel, Juli 2004

Abkürzungsverzeichnis

BZD	Benzodiazepin(e)
DSM	Diagnostisches und statistisches Manual psychischer Störungen
FeLV	Felines Leukämie-Virus
FIC	Feline interstitielle Zystitis
FIP	Feline infektiöse Peritonitis
FIV	Feline Immunodefiency Virus
FLUTD	Feline Lower Urinary Tract Disease
HCMP	Hypertrophe Kardiomyopathie
MAOI-B	Monoaminooxidase-B-Hemmer
OCSD	Obsessiv-kompulsives Störungsspektrum
P+/P–	positive oder negative Strafe (Punishment)
R+/R–	positive oder negative Verstärkung (Reward)
SSRI	Selektiver Serotonin-Wiederaufnahme-Hemmer
TCA	Trizyklische Antidepressiva
ZNS	Zentralnervensystem

=	gleichbleibend
↑	vermehrt
↓	vermindert
~	zyklisch, wechselnd
f	Frequenz
m	männlich
mk	männlich kastriert
w	weiblich
wk	weiblich kastriert
3D	dreidimensional
0	kein/e/r

Kursiv gesetzte Stellen beziehen sich auf die mündliche Rede im Interview mit dem Besitzer.

Inhalt

1 Verhaltensmedizinische Konsultation

Eine verhaltensmedizinische Konsultation kann den praktischen Tierarzt anfänglich vor einige Schwierigkeiten stellen:

- Der Tierbesitzer fragt nach Abschluss einer allgemeinmedizinischen Untersuchung und nach deren Bezahlung noch im Hinausgehen nach einem *ganz schnellen Rat* für seine unsaubere Katze.
- Eine verhaltensmedizinische Konsultation ist zeitaufwändig.
- Es gibt praktisch keine manuellen Tätigkeiten, die der Tierbesitzer (und eventuell auch der Tierarzt) als Leistung erkennt, da die tierärztliche Leistung während der Konsultation hauptsächlich aus Kommunikation und intellektueller Analyse besteht – *Eigentlich haben wir ja nur geredet …*
- Es gibt nur wenig Literatur darüber, wie aus einer Unterhaltung über ein Verhaltensproblem eine strukturierte veterinärmedizinische Leistung wird, die als solche anerkannt und auch entsprechend honoriert wird.

Mit definierten **Rahmenbedingungen** für die Konsultation und einem strukturierten verhaltensmedizinischen **Untersuchungsgang** sind diese Schwierigkeiten relativ leicht zu überwinden.
Es ist im Allgemeinen günstiger, verhaltensmedizinische Konsultationen außerhalb der üblichen Sprechzeiten durchzuführen. Für Tierbesitzer ist es schon selbstverständlich, einen gesonderten OP-Termin für chirurgische Eingriffe an ihrem Tier zu erhalten. Dieser Vergleich kann ohne Weiteres auf die spezielle Leistung „Verhaltensmedizinische Konsultation" angewendet werden.

1.1 Rahmenbedingungen

Da sowohl Zeit und Energie des Tierarztes wie auch die Auffassungsgabe des Besitzers limitiert sind, ist es sinnvoll, die Konsultation nach festen Regeln, auf die wesentlichen Informationen konzentriert und kurz zu gestalten.

Rahmenbedingungen der Konsultation:

- Ort.
- Zeit.
- Dauer.
- Honorar.
- Abstände und Frequenz von Evaluationsterminen.
- Ende der Behandlung.

Ort, Zeitpunkt und vor allem **Dauer** sowie der **finanzielle Rahmen** sollten dem Besitzer bereits bei der Terminvereinbarung und vor der eigentlichen Konsultation bekannt sein.
Weitere Rahmenbedingungen sind die voraussichtliche **Dauer der Behandlung,** Möglichkeiten der Kontaktaufnahme mit dem Tierarzt, die Anzahl beziehungsweise Frequenz von **Evaluationsterminen** und ein Übereinkommen, wann und wie die Behandlung endet.
Diese Rahmenbedingungen gibt der Tierarzt nach seinen persönlichen Erfahrungen, Vorlieben und Möglichkeiten vor.
In der Praxis der Autoren haben sich verhaltensmedizinische Erstkonsultationen von maximal einer Stunde bewährt. Folgekonsultationen im monatlichen Abstand dauern eine halbe Stunde bis eine Stunde. Honorare werden nach Zeitaufwand berechnet und betragen in der jeweiligen Praxis der Autoren derzeit 100 beziehungsweise 110 Euro pro Stunde.

Können Sie mir vielleicht einen kleinen Rat geben …
Mit dem Angebot eines Termins für eine Konsultation und der Information zum Honorar hat sich diese Anfrage zwischen Tür und Angel in der Regel bereits erledigt. Um Enttäuschungen vorzubeugen: Nur rund zehn Prozent der Tierbesitzer werden dieses Angebot annehmen. Bereits vereinbarte Termine werden oft wieder abgesagt oder nicht eingehalten.
Mit zunehmender Erfahrung können einfache und kurze Verhaltenskonsultationen auch an eine allgemeinmedizinische Untersuchung angehängt werden. Es empfiehlt sich aber, diese dem Tierbesitzer, am besten direkt, als neue und weitere Leistung – verhaltensmedizinische Beratung – erkennbar zu machen.

Und wissen Sie, meine vorige Katze, der Leo, hatte da auch immer so eine Angewohnheit – das muss ich Ihnen noch erzählen …
Mit dem Hinweis auf die zur Verfügung stehende begrenzte Konsultationszeit von einer halben Stunde oder Stunde und, wenn nötig, das Honorar dafür, kann auch dieser Redefluss eingedämmt und zielführende Arbeit möglich werden.

! Zeit- und energieraubende, frustrierende und desorganisierte Konsultationen werden mit klaren Rahmenbedingungen verhindert.

1.2 Wohnungsplan oder Hausbesuch

Hausbesuche werden manchmal als unverzichtbarer Bestandteil der verhaltensmedizinischen Konsultation für Katzen angesehen. Dem stehen allerdings der Zeitaufwand für den Tierarzt und der für den Besitzer damit verbundene finanzielle Aufwand gegenüber. Es stellt sich auch die Frage, ob der erwartete Informationsgewinn diesen erhöhten Aufwand wert ist.

Abb. 1.1 Konsultationsraum.

Bei Hausbesuchen kann man zwar die Lebensverhältnisse der Katze aus eigener Anschauung beurteilen, aber es fehlt im Grunde die richtige Übersicht und Struktur. Der Mensch ist zudem ein Augentier, und die automatische optische Ablenkung in fremden Wohnungen auf für die Konsultation völlig unwesentliche Dinge wie die Reader's Digest Auswahlbände im Wohnzimmerverbau, die unansehnliche Farbe des Teppichbodens oder das Lametta vom letzten Weihnachtsfest hinter dem Sofa ist groß. Das Risiko, dass der Besitzer bei einem Hausbesuch die Gesprächsführung übernimmt oder die Konsultation zu einem gemütlichen Plausch bei Kaffee umgestaltet, ist gegeben.

Das Wohlbefinden des Tierarztes hat für eine gute Konsultation oberste Priorität, und in den eigenen vertrauten Räumen ist das viel sicherer gewährleistet.

Ein freundlich eingerichteter Raum in der Praxis (zum Beispiel kann ein Wartezimmer außerhalb der Praxiszeiten als Konsultationsraum dienen) schafft eine gemütliche Atmosphäre für Tier und Besitzer, der Tierarzt bleibt in seiner vertrauten und fachlichen Umgebung (Abb. 1.1).

Die Arbeit mit dem **Wohnungsplan** (Abb. 1.2) hat sich in der Praxis als sehr gute Alternative erwiesen und kann den Hausbesuch durchaus ersetzen. In diesen Plan können während der Konsultation laufend alle Informationen in verschiedenen Farben, mit Zahlen auch hierarchisiert, eingezeichnet werden.

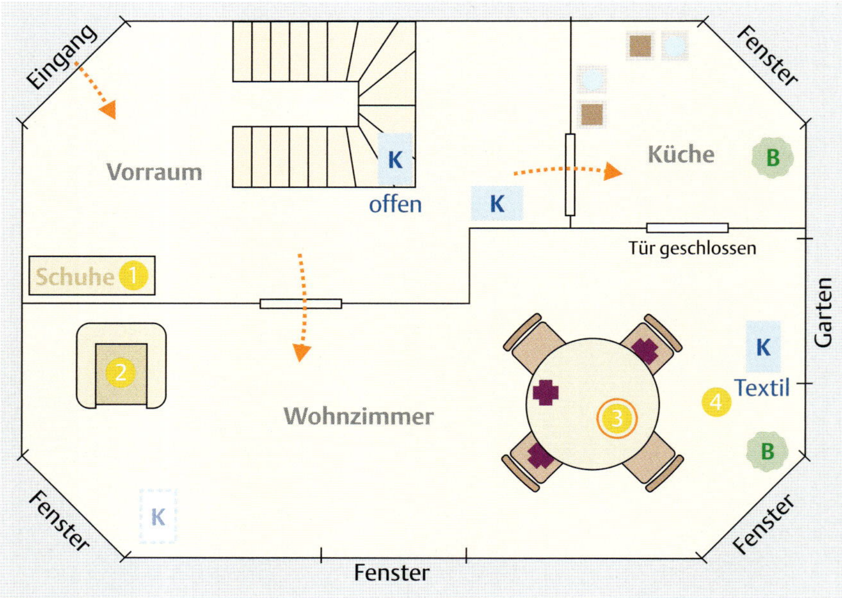

Abb. 1.2 Wohnungsplan nach Konsultation. K = Katzenklo, K offen = offenes Katzenklo, K Textil = Katzenklo mit textilem Substrat, K gestrichelt = Vorschlag für einen neuen Platz des Katzenklos, 1 2 3 4 = Stellen mit Harnabsatz in der Reihenfolge des Auftretens, ○ = Unsauberkeit unter dem Tisch, B = Kratzbaum, ■ = Futter, ● = Wasser, ✚ = Ruheplätze.

Die Informationen sind auf die für die Katze wesentlichen Strukturen reduziert, und es ist ganz leicht, die Übersicht zu behalten. Die fehlenden Informationen zur dritten Dimension sind nur selten ein wirkliches Problem, dem mit Fotos oder Videos begegnet werden kann.

Wesentliche Strukturen im Wohnungsplan:

- Futterplatz.
- Trinkplatz.
- Tabuzonen (relative, absolute).
- Schlafplätze.
- Ruheplätze.
- Aussichtsplätze.
- Katzentoilette(n).
- Kratzstelle(n).
- Klettermöglichkeit(en).
- Unsauberkeit: mit Zahlen kann die zeitliche Evolution dargestellt werden.
- Harnmarkierungen: mit Zahlen kann die zeitliche Evolution dargestellt werden.
- Sonstiges …

Nach der Diagnostik können anhand dieses Plans mit dem Besitzer am Ende der Konsultation auch Veränderungen und Maßnahmen für eine ökoethologische Therapie erarbeitet werden.

1.3 Struktur der Konsultation

In der verhaltensmedizinischen Konsultation werden in möglichst systematischer Weise erhoben:

- Motiv für die Konsultation.
- Auftrag und Erwartung des Besitzers.
- Ressourcen und Möglichkeiten für eine therapeutische Intervention.
- Symptome der Katze.

Auf der Basis dieser Informationen beginnt der zweite Teil der Konsultation:

- Diagnose.
- Therapeutische Optionen.
- Therapieplan.
- Prognose.
- Vermittlung der Maßnahmen.

1.4 Motiv, Auslöser, Auftrag und Erwartung

Das **Motiv** ist der Grund, warum der Tierbesitzer um Rat fragt und einen Termin für eine verhaltensmedizinische Konsultation vereinbart. Es sind die Probleme, die er mit seinem Tier oder dessen Symptomen hat.
Der **Auslöser** für die Frage nach Beratung liefert eher darüber Auskunft, wie dringlich das Problem ist. Der Anlass oder Auslöser für die Suche nach Hilfe hat möglicherweise wenig oder gar nichts mit dem seit Jahren bestehenden Problem zu tun. Zur Klärung ist die Frage *Warum jetzt?* von ganz erheblicher Bedeutung.

Der **Auftrag** ist das, was der Tierbesitzer vom Tierarzt möchte – eine Diagnose oder Erklärung, eine Behandlung oder ein Gutachten.
Üblicherweise geht man als praktizierender Tierarzt immer davon aus, dass ein Tierbesitzer, der mit seinem Tier in die Praxis kommt, eine Behandlung haben möchte. Das muss bei Verhaltensauffälligkeiten nicht unbedingt der Fall sein, und die Ansichten, was vorrangig behandelt werden soll, können für den Tierarzt und den Tierbesitzer ziemlich unterschiedlich sein.
Daher ist die direkte Frage nach dem Auftrag ein ganz wichtiger Teil der Konsultation!

! Das Motiv für die Konsultation und der Auftrag müssen **nicht** übereinstimmen!

Weiterhin gibt es sogenannte **verdeckte** oder **geheime Aufträge,** die bei Nichterkennen zum Misserfolg führen werden. Typische verdeckte Aufträge sind zum Beispiel das Abschieben der Verantwortung und der Entscheidung für eine Euthanasie auf den Tierarzt oder das Gewinnen des Tierarztes als Allianz gegen einen Partner.
Ethisch unannehmbare, paradoxe oder **unmögliche Aufträge:** *Meine Katze soll nie wieder unsauber sein; Meine Katze soll nicht jagen* und emotionale Erpressungen *Wenn sie noch einmal markiert, lasse ich sie einschläfern* sollten als solche erkannt werden. Sie können je nach persönlicher ethischer Einstellung entweder abgelehnt oder in realistische Aufträge abgewandelt werden.
Je diffuser, allgemeiner und ungenauer der angenommene Auftrag, zum Beispiel *Meine Katze soll sich wohler und nicht so ängstlich fühlen,* desto größer ist das Risiko für den Tierarzt: eine Verlaufskontrolle, die Bestimmung von Erfolg oder Misserfolg einer Behandlung ist unmöglich, wenn keine klar definierten Ziele für einen bestimmten Zeitpunkt festgelegt sind.
Daher sind zunächst die genaue Auftragsklärung und – bei mehreren Problemen – das Hierarchisieren derselben: *Welches Problem ist das Wichtigste/soll als Erstes behandelt werden?* ein essenzieller Bestandteil der Konsultation.

Die **Erwartung** ist die Vorstellung des Tierbesitzers vom Ergebnis der Therapie. Es gibt unrealistische Erwartungen bezüglich Ergebnis, der Geschwindigkeit mit dem dieses erreicht werden kann und der Dauer einer Therapie. Die häufige Ansicht, dass es bei Verhaltenssymptomen einen Zustand von „Alles oder nichts" gibt, sollte zum Beispiel mithilfe von Prozentangaben: *Wären Sie mit 50% Besserung des Symptoms X in 8 Wochen zufrieden?* oder Skalen *Wenn Sie das Problem Y jetzt mit 7 auf einer Skala von 1–11 einschätzen, welches Ziel wollen Sie in 4 Wochen erreichen?* entsprechend relativiert werden (S. 15).

1.5 Ressourcen, Lösungsansätze und Motivation

Ressourcen sind vorhandene materielle und immaterielle Werte und Fähigkeiten, die einer Person oder einem System ermöglichen zu handeln. Es gibt interne, soziale und externe oder Umweltressourcen. Von einem systemischen Standpunkt aus gesehen, enthält jedes System bereits die Lösung für die meisten seiner Probleme.

Faktoren, die als Ressourcen betrachtet werden können:
- Beziehungen von jedem Familienmitglied zum Tier.
- Beziehung zum Tierarzt, der die Verhaltensstörung behandelt.
- Beziehung zu anderen Tieren in der Familie oder zur sozialen Umwelt.
- Ausnahmen vom Problemverhalten.
- Motivation des Besitzers.

In der Praxis kann zum Beispiel die besondere Beziehung einer Katze zu einem Kind und die Tatsache, dass die Katze in dessen Zimmer nicht unsauber ist, als Ressource

in die Therapie eingebunden werden. Eine andere, im Grunde simple, aber erstaunlich oft übersehene Ressource wäre das Schließen einer Tür in der Nacht.
Einer der wichtigsten Gründe für eine ressourcenorientierte Konsultation ist die Dimension der Dringlichkeit. In dringenden Fällen müssen rasche (Teil-)Erfolge erreicht werden, um den Patienten nicht zu verlieren. Erst wenn die Mensch-Tier-Beziehung wieder stabilisiert und der Besitzer zufrieden ist, erhöht sich seine Motivation für weitere Behandlungsmaßnahmen.
Mit der hypothetischen Frage *Was wäre Ihre persönliche Lösung, wenn auch ich keine Lösung für Ihr Problem hätte?* können die vorhandenen Ressourcen des Systems und die Einstellung des Besitzers zu seiner Katze sehr rasch ausgelotet werden. Die Antworten umfassen das ganze Spektrum von Euthanasie bis zu Akzeptieren, dass es so ist, und geben den Spielraum und die Richtung für die Behandlung vor.

! Eine für das therapeutische Konzept ganz entscheidende Ressource ist, ob und wie der Katze Medikamente verabreicht werden können.

Lösungsansätze und Vorschläge, die aus dem betroffenen System selbst kommen, haben die größte Chance auf Realisierung und bleibenden Erfolg.
Nach bereits erfolgten Therapieversuchen und deren Ergebnissen sollte auf jeden Fall gefragt werden. Sie können zum einen Hinweise auf die Diagnose geben, zum anderen können sie in einer neuen therapeutischen Empfehlung entweder korrigiert und optimiert (bisher falsche Technik, Anwendung etc.) oder aber – für die therapeutische Beziehung ganz wichtig – nicht neuerlich als Therapie vorgeschlagen werden.
Um die therapeutische Bindung zu erhalten, sollte der Besitzer für unsinnige Aktionen wie Strafen oder Zwangsmaßnahmen – wenn möglich – nicht persönlich kritisiert werden. Nur selten sind diese Lösungsansätze mit böser Absicht verbunden, und sie entstehen in der Regel aus Hilflosigkeit, Unwissenheit und Verzweiflung. Schuldzuweisungen sind für die weitere therapeutische Beziehung und die Therapie kontraproduktiv. Man sollte sich immer vor Augen halten, dass der Besitzer zumindest eine sehr gute und richtige Entscheidung getroffen hat: Er ist jetzt hier in einer verhaltensmedizinischen Konsultation, um Hilfe zu erbitten.

Motivation ist die Wahrscheinlichkeit, mit der eine Person eine spezifische Strategie der Veränderung beginnt, fortsetzt und beibehält. Die Motivation und Motivierung des Besitzers spielt für den Therapieerfolg eine große Rolle. Motivierende Elemente in der Beratung sind von Miller und Rollnick unter dem Akronym FRAMES zusammengefasst worden:

- **F** – Feedback geben (feedback).
- **R** – Verantwortung geben (responsibility).
- **A** – Informieren (advice).
- **M** – Wahlmöglichkeiten anbieten (menu).
- **E** – Empathie (empathy).
- **S** – Hoffnung und Überzeugung (self-efficacy).

In der Konsultation werden diese unterschiedlichen Elemente dem jeweiligen Motivationszustand des Besitzers angepasst. Ein an seinen Fähigkeiten zweifelnder und sich schuldig fühlender Besitzer sollte nicht mit „responsibility" und „menu" konfrontiert werden, sondern besser mit „empathy" und „advice" in seiner Entscheidung unterstützt werden. Hingegen sind „feedback, empathy und self-efficacy" wenig förderlich, wenn noch gar keine Veränderung begonnen wurde.

Die Punkte **Symptome der Katze, Diagnose** und **therapeutische Optionen** im Aufbau der Konsultation werden in jeweils eigenen Kapiteln behandelt (S. 69, S. 181, S. 141).

1.6 Therapeutische Strategie

Für die Behandlung von Verhaltensstörungen sollte ein Therapieplan mit einer spezifischen Strategie erstellt werden.
Eine bestimmte Maßnahme ist auf ein konkretes und überprüfbares Ziel – zum Beispiel die „Verbesserung des Symptoms Harnmarkieren um 50% innerhalb eines Zeitrahmens von 4 Wochen" – ausgerichtet. Für den Fall, dass ein therapeutisches Ergebnis innerhalb dieses festgelegten Zeitraums nicht erreicht wird, sollten entsprechende Konsequenzen oder alternative Strategien bereits angekündigt sein. Auf diese Art bleiben die therapeutische Bindung, Compliance und Glaubwürdigkeit auch dann erhalten, wenn Dosierungen oder Medikamente oder andere Behandlungsmaßnahmen verändert werden müssen.

In der Praxis hat es sich als sehr effektiv erwiesen, eine Behandlungsanweisung für den Besitzer auf **maximal fünf Maßnahmen** zu limitieren.

Diese einfachen Anweisungen kann sich der Besitzer merken, oder er sollte sie nach Möglichkeit selbst notieren. Damit erhöht sich sogar die Wahrscheinlichkeit, dass sie im Bewusstsein bleiben und umgesetzt werden. Die Durchführung einfacher definierter Maßnahmen kann beim nächsten Termin leichter überprüft werden: *Wurde Y durchgeführt ja/nein, wie oft und mit welchem Ergebnis? Wenn „nein" – wo waren die Schwierigkeiten?*
Unklare Anweisungen führen letztlich zu wenig objektivierbaren und unbrauchbaren Aussagen wie … *hat auch nicht geholfen.*

Optimale therapeutische Maßnahmen sind:

- Wenige (max. 5).
- Einfach durchführbar.
- Verständlich.
- Objektivierbar.
- Wenig zeitaufwändig.

2 Verhaltensmedizinische Propädeutik

2.1 Allgemeines

Die Verhaltensmedizin beruht wie alle anderen Fachgebiete der Veterinärmedizin auf allgemeinen medizinischen Prinzipien. Die Ethologie liefert ähnlich wie die Physiologie die Grunddaten zur normalen Funktion eines Individuums.
Wie alle anderen klinischen Untersuchungen sollte auch die verhaltensmedizinische Diagnostik einem Untersuchungsgang folgen.
Neben dem vom Besitzer präsentierten Problem (Leitsymptom) sollten auch alle anderen Symptome der Katze erfasst werden, um letztlich zu einer ganzheitlichen Diagnose und vor allem einer erfolgreichen therapeutischen Strategie zu kommen.
In der Verhaltensmedizin werden pathologische Zustände und Störungen sowohl durch körperliche Symptome als auch durch Verhaltenssymptome erkenn- und interpretierbar.
Da Umweltbedingungen für die Katze als sehr intensiv territorial organisiertes Tier eine große Bedeutung haben, ist die Analyse des Ökosystems ein weiterer wichtiger Bestandteil der Diagnostik. Die sozialen Beziehungen zu anderen Katzen und Menschen oder anderen Tieren sind ebenfalls von Bedeutung.

2.2 Wann ist ein Verhalten pathologisch?

Verhalten als motorischer Akt dient dazu, ein Ungleichgewicht im Organismus wieder in Richtung Gleichgewicht zu regulieren.

Physiologisches Verhalten ist innerhalb der tierartlichen Grenzen flexibel, adaptiv und passt sich leicht an veränderte Umweltbedingungen an. Es ermöglicht das Überleben des Individuums oder der Art, soziale Beziehungen und das Lernen neuer adaptiver Kompetenzen. Physiologisches (normales) Verhalten führt zu körperlichem und affektivem Wohlbefinden.

Pathologisches Verhalten bewirkt keine Rückkehr zur Homöostase, das Tier bleibt trotz seiner Verhaltensaktivität in seinem Zustand von Ungleichgewicht. Pathologisches Verhalten ist starr, unflexibel und beeinträchtigt die normalen Aktivitäten und Beziehungen zur sozialen und unbelebten Umwelt. Pathologisches Verhalten führt nicht zu körperlichem und psychischem Wohlbefinden.

Je nach Standpunkt kann ein Verhalten als physiologisch beziehungsweise pathologisch für ein einzelnes Individuum oder die Art betrachtet werden. Da wohl der Großteil unserer Katzenpatienten kastriert und daher aus dem Prozess der Arterhaltung ausgeschlossen ist, empfiehlt sich in der Verhaltensmedizin eine vom Individuum ausgehende Sichtweise der Physiologie oder Pathologie eines Verhaltens.

Das **Ethogramm** gibt Auskunft über die Gesamtheit der bei einer Tierart vorkommenden Verhaltensweisen. Die Informationen zum Ethogramm der Katze kommen üblicherweise von Freilandbeobachtungen, die möglichst wenig vom Menschen beeinflusst wurden. Diese Daten sind wertvoll, entsprechen jedoch nicht der tatsächlichen Lebensweise von Katzen, die mit Menschen, Katzen und anderen Tieren, in engstem Kontakt, unter Umständen ausschließlich in der Wohnung, leben (müssen). Wir äußern die Hypothese, dass es somit ein Ethogramm der freilebenden Bauernhofkatze, aber bisher noch kein Ethogramm der Familienkatze in ihrer neuen ökologischen Nische gibt.

Verhalten, das vom Besitzer als **problematisch, störend** oder **abnormal** angesehen wird, kann physiologisch oder pathologisch sein. Physiologisches, aber störendes Verhalten (zum Beispiel reaktives Harnmarkieren, Jagdverhalten) kann die Beziehung des Besitzers zur Katze dennoch schwer belasten und damit das Wohlbefinden des ganzen Systems infrage stellen.
Ob man eine an sich gesunde, physiologisch reagierende Katze behandelt, ist keine medizinische sondern vielmehr eine ethische Frage: Eine durch – wenn auch physiologisches – Problemverhalten belastete Mensch-Katze-Beziehung wird sich mit großer Wahrscheinlichkeit negativ auf das Wohlbefinden der Katze auswirken, und die weitere Betreuung durch den unzufriedenen Besitzer ist fraglich, die Abgabe ins Tierheim oder gar die Euthanasie wahrscheinlich.

! Ein zufriedener Besitzer ist die beste Lebensversicherung für die Katze.

2.3 Psychobiologische Elemente

Das Individuum und seine Verhaltensweisen sind eine komplexe Einheit. Eine Möglichkeit, Verhalten besser zu verstehen, ist die Anwendung eines vereinfachten Modells. Ein Modell entspricht einer Landkarte – es ist nicht die Realität, aber sehr brauchbar, um sich in der Realität zurechtzufinden. Das Individuum und sein Verhalten kann als ein Ensemble einfacher Elemente, die durch Regeln und eine Struktur organisiert sind, angesehen werden. Diese Modellbildung basiert auf der von Moles vorgeschlagenen Strukturhypothese.
Die Grundeinheiten können als Verhaltensatome, als die kleinsten beobachtbaren und analysierbaren Elemente in der Verhaltensmedizin betrachtet werden. Analog zu den in der digitalen Bilderwelt üblichen Pixel (picture elements) werden die psychobiologischen Elemente als **Psychels** (psychobiological elements) bezeichnet.

Die 7 wichtigsten psychobiologischen Elemente sind:

- Organismus mit seiner Genetik, Hormonen, Immunsystem, neurologische Mechanismen, etc.
- Stimmungslage.
- Emotionen.
- Kognition.
- Wahrnehmung.
- Neurovegetative Reaktionen.
- Motorische Akte (Verhalten).

Manche Psychels haben einen größeren Einfluss als andere, sie sind hierarchisch organisiert.

Der Gesundheitszustand des Organismus oder die Stimmung modifizieren alle anderen Elemente; Emotionen, Kognition und Wahrnehmung beeinflussen sich untereinander und wirken auf die motorischen Akte und neurovegetativen Reaktionen mehr, als diese auf Emotion, Kognition und Wahrnehmung zurückwirken.

Hierarchie der psychobiologischen Elemente:

Organismus
Stimmung
Emotion – Kognition – Wahrnehmung
neurovegetative Reaktionen – motorische Akte

2.4 Bewertung von Symptomen

Ein Verhalten wird dann zum Symptom, wenn es seine adaptive Funktion verliert.

! Ein Symptom hat aber nur dann einen diagnostischen Wert, wenn es vollständig beschrieben wird.

Die Aussage *Meine Katze macht auf die Couch* enthält überhaupt keine wirklich brauchbare Information. Es ist noch nicht einmal klar, ob sie Kot oder Harn absetzt oder harnmarkiert...

Zur vollständigen Beschreibung eines Symptoms gehören:

- Verhaltenssequenz.
- Körperhaltung und Mimik.
- Kontext und Umstände.
- Konsequenzen für das Tier und die Umwelt.
- Frequenz, Dauer und Intensität des Verhaltens.
- Evolution und Dynamik des Symptoms.

Wenn man dieser detaillierten Beschreibung folgt, wird aus der obigen Aussage: *Meine Katze setzt Harn auf der Ledercouch im Wohnzimmer ab. Ungefähr einmal pro Woche, vorwiegend am Wochenende, während der letzten drei Monate, die zwei Jahre davor nur sporadisch, ca. alle 3–4 Monate einmal. Die Körperhaltung ist unbekannt, weil es nur in meiner Abwesenheit oder nachts geschieht, aber die angepinkelte Stelle ist horizontal, die Harnmenge groß. Die Unsauberkeit hat sich seit den veränderten Arbeitszeiten und meiner vermehrten Abwesenheit verschlimmert. Anfänglich habe ich die Katze mit der Nase an die verunreinigte Stelle gehalten und ausgeschimpft, in der letzten Zeit nicht mehr. Die Stelle wird ohne Erfolg mit Essigwasser und einem parfümierten Reiniger behandelt.*

Ein in dieser Weise vollständig beschriebenes Symptom bekommt einen diagnostischen Wert und hilft bei der Entwicklung einer therapeutischen Strategie. Besitzer von sich aus erzählen natürlich nicht in dieser detaillierten Art, und die Kunst der Konsultation ist es, die richtigen Fragen zu stellen, um diese notwendigen Daten zu erhalten.

Verhaltenssequenz

Jedes Verhalten wird von einem Stimulus, entweder einer Information aus der äußeren Umwelt oder einer Veränderung des inneren Milieus, ausgelöst. Dieser Stimulus wird als **Auslöser** bezeichnet. Er wird wahrgenommen und löst eine Emotion aus. Die Emotion existiert vor jeder Aktion und ist wie ein Ungleichgewicht. Das Individuum stellt sein Gleichgewicht wieder her, indem es zur Aktion, zum motorischen Akt übergeht.

Der Ablauf eines Verhaltens wird in unterschiedliche Phasen unterteilt:

- **Appetenzphase:** Es ist die Anfangsphase eines Verhaltens, der Beginn eines Ungleichgewichts und das Suchen, Orientieren. Das Individuum wird für auslösende Reize empfänglich.
- **Aktivitätsphase** oder operante Phase: Es ist die eigentliche Handlung, der motorische Akt Verhalten, der das Ungleichgewicht wieder zur Homöostase korrigieren soll.
- **Endphase** oder Sättigung: Das ist das Ende eines Verhaltens, der Off-Schalter, der einen motorischen Akt beendet, wenn ein Gleichgewicht beziehungsweise eine Sättigung erreicht wurde.
- **Refraktäre Phase:** Das ist die Phase, während der das Verhalten nicht gezeigt wird, der Organismus wird unempfänglich für den auslösenden Reiz.

Die Integrität der Verhaltenssequenz verändert sich durch den Prozess der instrumentellen Konditionierung. Die positiven oder negativen Konsequenzen eines motorischen Aktes erhöhen oder verringern die Wahrscheinlichkeit für ein neuerliches Auftreten. Dieser Effekt wird als **Instrumentalisierung** bezeichnet.
Durch die Instrumentalisierung verändert sich die Organisation der Verhaltenssequenz (Abb. 2.1 und 2.2):

Abb. 2.1 Normale Verhaltenssequenz. ■ Appetenzphase, ■ Aktivitätsphase, ■ Endphase, ■ Refraktäre Phase

Abb. 2.2 Instrumentalisierte Verhaltenssequenz. Die Appetenz- (■), End- (■) und refraktäre Phase (■) sind verringert, die Aktivitätsphase (■) gesteigert.

- Die Appetenzphase wird reduziert.
- Die Aktivitätsphase wird gesteigert (bei positiven Konsequenzen) oder verringert (bei negativen Konsequenzen).
- Die Endphase ist verspätet (positive Konsequenz) oder verfrüht (negative Konsequenz).
- Das instrumentalisierte Verhalten wird automatisiert und die kognitiven Entscheidungsprozesse verringert. In der Therapie ist dieser Effekt bei der instrumentellen Gegenkonditionierung erwünscht.

In der Pathogenese von psychischen Störungen führt die **pathologische Instrumentalisierung** zum häufigen, intensiven und gewohnheitsmäßigen Auftreten eines Verhaltens, wodurch seine adaptive Funktion verloren geht.

Beispiele für instrumentalisiertes Verhalten sind:
- Harnmarkieren.
- Hyperaggression.
- Vokalisieren.

Körperhaltung und Mimik

Körperhaltung und Mimik geben Auskunft über die Stimmungslage und die Emotion der Katze.
Die einzelnen Elemente und die Bedeutung der verschiedenen Körperhaltungen und der Mimik werden im Kapitel über die Kommunikation genauer beschrieben (S. 37).

Kontext und Umstände, Konsequenzen

Die Analyse von Auslösern für Verhaltensweisen, die Kontexte und Umstände beim Auftreten eines Verhaltens, liefern – ebenso wie die Konsequenzen – ganz wesentliche Informationen für die Diagnose und Behandlung. Bei den Verhaltenstherapien werden die Auslöser und/oder Konsequenzen eines Verhaltens beeinflusst, um das Verhalten der Katze zu modifizieren.

Kontext und **Umstände** geben außerdem Hinweise zur Interpretation der emotionalen Verfassung der Katze. Hier einige Beispiele:

- Abwesenheit des Besitzers kann bei sozial sehr gebundenen Katzen zu Angst führen.
- Unmittelbar vor der Fütterung (bei restriktiver Fütterung) kann durch den Hunger vermehrt umgerichtete Jagdaggression auftreten.
- Vermehrte Reizbarkeit kann bei chronisch ängstlichen und depressiven Katzen beobachtet werden.
- Veränderungen in der Umwelt können zu Erregung und Harnmarkieren führen.

Die für die Katze positiven **Konsequenzen** eines Verhaltens können zu seiner Aufrechterhaltung beitragen (S. 13). Strafmaßnahmen des Besitzers sind zwar grundsätzlich negative Konsequenzen für die Katze, sie führen aber in der Regel aufgrund des falschen Timings und falscher oder unmöglicher Assoziationen zur Verschlimmerung, Ausweitung oder Verlagerung des Problems.
Wenn die Maßnahmen des Besitzers positive Effekte auf das Verhalten oder die Katze haben, sollten sie, wenn nötig angepasst, auf jeden Fall in die therapeutische Strategie integriert werden.

Frequenz, Dauer und Intensität

Jedes Verhalten kann sich in Abhängigkeit von seinen Konsequenzen nicht nur in seiner Sequenz (Instrumentalisierung) sondern auch in seiner Frequenz, in der Dauer und in der Intensität verändern. Positive Folgen für die Katze führen zu einer erhöhten Frequenz, Dauer und/oder gesteigerten Intensität; negative Folgen haben den gegenteiligen Effekt und reduzieren Frequenz, Dauer und/oder Intensität des Verhaltens.

! Jedes Symptom sollte nach Möglichkeit in irgendeiner Form quantifiziert und damit objektiviert werden.

Wie oft pro Tag/Woche/Monat ist die Katze unsauber?
Wie lange dauern die hyperaktiven Anfälle?
Mit diesen Fragen erhält man als Tierarzt brauchbare und analysierbare Daten, die in den Folgekonsultationen, im Gegensatz zu den von Besitzern gerne verwendeten Angaben *dauernd* oder *immer* auch verglichen werden können.

Besitzer erwarten sich meistens ein sofortiges und völliges Verschwinden des Symptoms, wenn eine Behandlung begonnen wurde. Wenn es keine objektivierten Angaben gibt, wird der Tierarzt Schwierigkeiten haben, die subjektive Unzufriedenheit oder enttäuschte Erwartungshaltung des Besitzers dem objektiv positiven Behandlungsergebnis gegenüberzustellen.

Da in der Verhaltensmedizin noch kaum Laboruntersuchungen und nur wenige (nur für Hunde) statistisch abgesicherte Evaluationsskalen wie für die Humanpsychiatrie zur Verfügung stehen, können wir bei der Katze nur auf **subjektive Skalen** ausweichen. Um die Intensität oder den Schweregrad eines Symptoms zu beziffern, bietet man dem Besitzer eine individuelle Skala von 1 bis 7 oder nach Belieben 10, 11, 17 oder 21 (ungerade oder Primzahlen aktivieren das rechte Hirn!) an. Alternativ können auch Angaben in Prozent erfragt werden. Auf dieser Skala soll der Besitzer dem Symptom/Problem/Befinden seines Tieres eine Zahl zuordnen: 1 wäre der optimalste und 7 (bzw. 10, 11, 17, 21) der schlechteste denkbare Wert. Ausgehend von diesem Wert können sogar Therapieziele besprochen werden – *Welchen Wert möchten Sie gerne in welchem Zeitraum erreichen?* – und vom Tierarzt als realistisch und realisierbar erklärt werden.
Da diese Zahlen keinen objektiven Wert besitzen, können sie immer nur für die **ipsative Beurteilung,** das heißt der Bezugsrahmen ist immer nur dasselbe Tier und keine Norm, herangezogen werden.

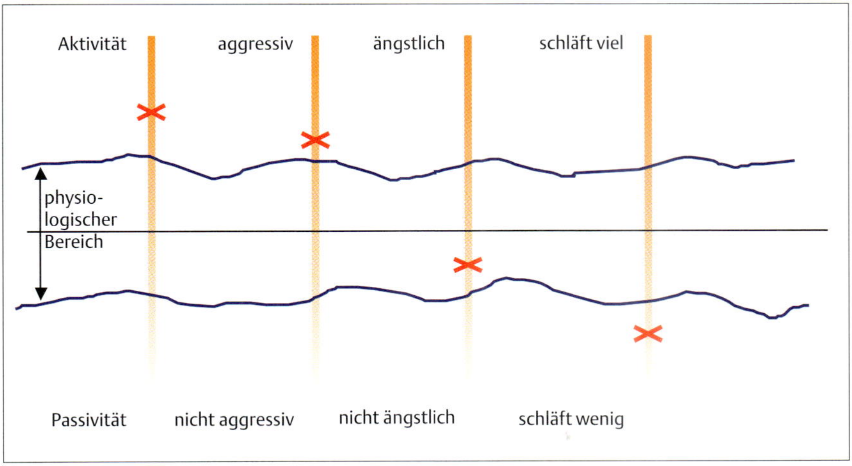

Abb. 2.3 Achsen des Verhaltens. Diese Katze hier wäre hyperaktiv und aggressiv, durchschnittlich ängstlich und sie schläft eher wenig. Dieser Symptomenkomplex wäre zum Beispiel mit einer Hyperaktivitätsstörung kompatibel. Wenn sich die Aggression in umgerichtetem Jagdverhalten äußert und eventuell Angstsymptome zu beobachten sind, wären auch noch eine Angststörung unter restriktiven Lebensbedingungen oder eine unipolare Störung (wenn die Symptome phasenweise auftreten) in Betracht zu ziehen.

Eine weitere Möglichkeit mehrere Symptome eines Tieres zu charakterisieren, ist die **grafische Darstellung** auf einer Achse mit den Extremwerten an den Enden und einem physiologischen Schwankungsbereich in der Mitte. Für jedes Symptom wird, wie in Abb. 2.3 dargestellt, eine (eventuell) skalierte Achse gezeichnet und die aktuelle Position der Katze angekreuzt. Auf diese Weise wird die in ihrer Gesamtheit nur schwer beurteilbare Persönlichkeit der Katze zerlegt und einer besseren Einschätzung zugänglich.

Evolution und Dynamik des Symptoms

Die Evolution und Dynamik eines Symptoms im Lauf der Zeit hat sowohl für manche Diagnosen als auch für die Beurteilung eines Behandlungserfolgs erhebliche Bedeutung.
Am einfachsten lassen sich auch diese Informationen mit dem Besitzer gemeinsam in Form einer Grafik erarbeiten (Abb. 2.4).

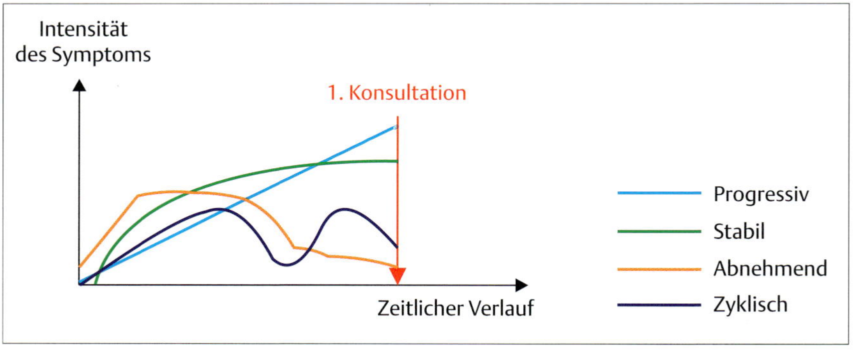

Abb. 2.4 Evolution und Dynamik eines Symptoms.

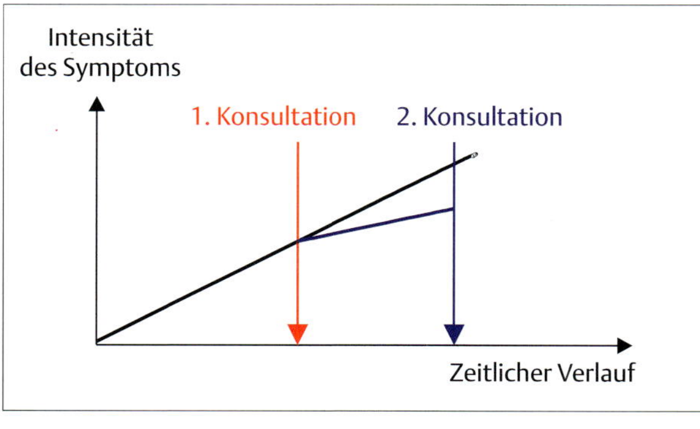

Abb. 2.5 Behandlungserfolg durch Abflachen eines progressiven Verlaufs.

Probleme können schon seit das Jungtier übernommen wurde bestanden haben (z. B. entwicklungsbedingte Störungen) oder plötzlich begonnen haben (z. B. Phobien).

Für die Beurteilung besonders wichtig:

- Wenn ein aktuell progressiver Verlauf durch die Therapie verlangsamt oder stabilisiert werden kann (Abb. 2.5), sieht das Ergebnis für den Besitzer wie ein Misserfolg aus, da das Symptom noch immer besteht, aber es wurde zumindest nicht mehr schlechter!
- Bei einem zyklischen Verlauf (zum Beispiel Unsauberkeit verbunden mit einer Angststörung und FIC oder eine unipolare Störung) kann eine spontane Verbesserung fälschlich als Therapieerfolg angesehen werden.

3 Spezielle Propädeutik

In der speziellen Propädeutik für die Verhaltensmedizin der Katze werden die „Untersuchungstechniken“, die Normalbefunde und davon abweichende Befunde behandelt. Die Grundlagen dafür kommen aus der Ethologie, es gibt aber selbstverständlich zahlreiche Überschneidungen mit anderen klinischen Bereichen.

3.1 Entwicklung

Bereits während der Trächtigkeit sind Katzenwelpen Einflüssen ausgesetzt, die sich auf ihre psychische Entwicklung auswirken können. Andauernder Stress und Nahrungsmangel bei der trächtigen Kätzin haben nachteilige Wirkungen auf die Gehirnentwicklung und die spätere emotionale Stabilität der Kitten. Berührungen durch die Bauchdecke werden bereits in der Endphase der Trächtigkeit wahrgenommen und erhöhen die spätere Toleranz gegenüber taktilen Reizen.

Katzen werden blind und taub geboren, sie öffnen die Augen nach 7 bis 10 Tagen, die Ohren nach 6 bis 14 Tagen, die volle Hörfähigkeit ist mit 4 Wochen, die binokulare Sehfähigkeit mit rund 7 Wochen entwickelt.
Zum Zeitpunkt der Geburt sind nur der N. trigeminus, N. facialis, N. olfactorius und der vestibulare Anteil des 8. Gehirnnervs myelinisiert. Die Myelinisierung der anderen Nerven ist nach 3,5 bis 4 Wochen abgeschlossen. Die höchste Zellzahl im Gehirn wird mit 4 Wochen erreicht, die maximale Anzahl an Synapsen gibt es mit 5 Wochen. Diese im Überfluss und Chaos vorhandenen Synapsen unterliegen einem Reifungsprozess, der vor allem durch Umweltreize aktiviert wird. Synapsen, die nicht aktiviert wurden, fallen einem genetisch programmierten Prozess der Autodestruktion zum Opfer.

! Somit hängt die Gehirnentwicklung der Katze ganz wesentlich von Umweltreizen in den ersten Lebenswochen ab.

Mangelnde Stimulation hat ein echtes strukturelles Defizit im Gehirn der Katze zur Folge. Das hat einen Einfluss auf die Prognose entwicklungsbedingter Störungen, da dieses Defizit (möglicherweise in Abhängigkeit von genetischen Faktoren) nur mehr teilweise kompensiert werden kann.
Der soeben beschriebenen neurologischen Entwicklung entspricht die **sensible Phase der Katze von der 2. bis 7. Woche.** In dieser Zeit entwickelt sich das **sensorische Referenzsystem,** mit dem sich die Katze in ihrem späteren Lebensumfeld orientieren kann.
Die emotionale und motorische **Selbstkontrolle** wird im Spiel mit den Geschwistern und durch die aktive Erziehung der Katzenmutter ungefähr bis zur **9. bis 12. Woche** erworben (Abb. 3.1).

Abb. 3.1 Erziehung der Kitten zur psychomotorischen Selbstkontrolle.

Ab diesem Zeitpunkt sollten Jungkatzen im Spiel und sozialen Umgang mit Menschen und anderen Katzen eine Kontrolle über Zubeißen und ihre Krallen haben.

Ein einfacher Test:
Die Reaktion der Jungkatze beim Hochheben an der Nackenfalte oder beim Fixieren in Seitenlage (und eventuell Kraulen am Bauch) ist ein guter prognostischer Indikator für die spätere Toleranz der Katze:
→ Jungkatzen mit guter Selbstkontrolle (Abb. 3.2) werden weich, bekommen einen leicht abwesenden Gesichtsausdruck, ziehen die Beine ein und machen den Rücken rund, sie werden noch runder, wenn sie am hinteren Körperende berührt werden.
→ Jungkatzen mit mangelnder Selbstkontrolle werden steif und strecken die Vorderpfoten manchmal explosionsartig mit ausgefahrenen Krallen nach vorne oben und strecken den Rücken durch. Sie schreien oder fauchen und wehren sich heftig. Diese Reaktion ist ein prognostisch ungünstiges Zeichen für die spätere Toleranz gegenüber jeglicher Manipulation und die soziale Umgänglichkeit der Katze.

Der Zeitpunkt der **Pubertät** ist variabel. Ab 3,5 Monaten führt der steigende Testosteronspiegel zur Ausbildung der Spikula am Penis, die Spermatogenese beginnt mit rund 5 Monaten, die sexuelle Reife wird von Katern normalerweise mit 9 bis 12 Monaten erreicht.

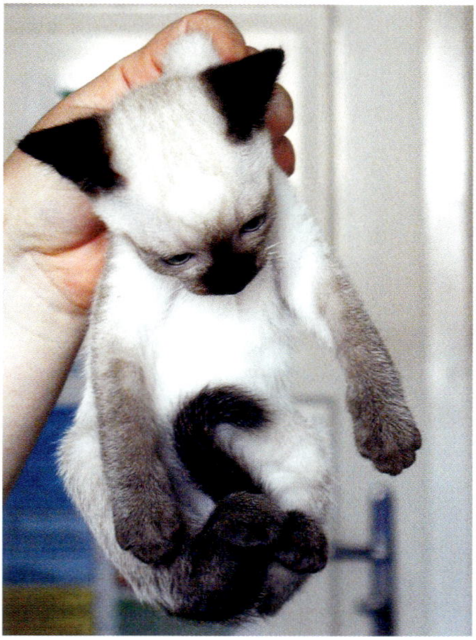

Abb. 3.2
Jungkatze mit guter Selbstkontrolle.

Kätzinnen kommen, in Abhängigkeit von ihrem Geburtszeitpunkt und Umwelteinflüssen, üblicherweise mit 5 bis 9 Monaten (Extremwerte 3,5–18 Monate) in die Pubertät.
Die **soziale Reife** erreichen Katzen mit 2 bis 4 Jahren.

Diagnostische Hinweise:

- Fehlende Sozialisation gegenüber anderen Arten (Menschen): Kein oder nur begrenzter Kontakt mit verschiedenen Menschentypen (Mann, Frau, Kinder verschiedener Altergruppen), anderen Tieren. Nach der 7. Woche übernommene Jungkatzen ohne ausreichenden Kontakt mit Menschen sind nicht auf Menschen sozialisiert, reagieren wie Wildtiere und sind mit einzelnen Ausnahmen nur mehr schwer auf einige wenige Personen sozialisierbar.
- Sensorische Deprivation: Mangelnde Stimulation der Sinnesorgane mit verschiedenen Umweltreizen, um ein anpassungsfähiges sensorisches Referenzsystem zu entwickeln. Am Bauernhof oder mit Freigang aufgewachsene Jungkatzen haben zwar ein ihrer natürlichen Entwicklungsumwelt entsprechendes, gut angepasstes Referenzsystem, sind aber für die vielgestaltige Reizumwelt im engen Zusammenleben in der Familie oder die reine Wohnungshaltung sensorisch zu wenig angepasst und prädestiniert für Angststörungen.
- Handaufzucht und/oder fehlender Kontakt mit erwachsenen Katzen (fehlende Sozialisation auf die eigene Art): Kitten, die unter 7 Wochen übernommen und/ oder ohne erwachsene Katze handaufgezogen wurden, haben Defizite in der Er-

ziehung (durch die Mutter oder andere erwachsene Katzen) zur emotionalen und motorischen Selbstkontrolle sowie im Sozialverhalten.
- Einzelkitten und/oder fehlender Kontakt mit anderen jungen Katzen (fehlende Sozialisation auf die eigene Art): Einzeln aufgewachsenen Jungkatzen fehlen vielfach die emotionale und motorische Selbstkontrolle und soziale Verhaltensweisen, die sie im Spiel mit den Geschwistern erlernen.
- Entwicklung unter natürlichen Freilaufbedingungen, Jagdmöglichkeit: Mit Freilauf aufgezogene Katzen entwickeln unter restriktiven Lebensbedingungen (Wohnungshaltung) häufig Angststörungen mit umgerichtetem Jagdverhalten.

Diese Entwicklungsbedingungen in der frühen Kindheit sind an der Pathogenese einiger Verhaltensstörungen ursächlich beteiligt und sind daher als diagnostische Kriterien zu werten.

An folgende Störungen ist bei Hinweisen auf die beschriebenen Entwicklungsbedingungen zu denken:
- Deprivationssyndrom (S. 183)
- Hyperaktivitätsstörung (S. 181)
- Phobien (S. 184)
- Generalisierte Angststörung (S. 185)
- Angststörung aufgrund restriktiver Lebensbedingungen (S. 187)
- Dyssoziale Persönlichkeitsstörung (S. 198)

3.2 Fressverhalten

Die Kleinheit der erjagten Beutetiere hat zur Folge, dass Katzen, die sich selbst versorgen müssen, zwischen 10 und 20 kleine Mahlzeiten pro Tag aufnehmen. Die Beute wird an sichere Orte gebracht und dort, noch körperwarm, gefressen; nur kleinere Beutetiere werden an Ort und Stelle verzehrt. Kätzinnen bringen ihren Jungen zu Lernzwecken zunächst tote und später dann lebende Beutetiere.
Normalerweise teilen erwachsene Katzen ihre Beute nicht, aber unter befreundeten Katzen oder bei der gemeinschaftlichen Aufzucht wird die Beute mitgebracht oder geteilt.

Die Analyse des Fressverhaltens kann sowohl für die Diagnose als auch für die Therapie von psychischen Störungen von Bedeutung sein. Einerseits erhält man Informationen über den emotionalen Einsatz des Besitzers, Ressourcen für therapeutische Maßnahmen und andererseits können Veränderungen im Fressverhalten auch Hinweis auf psychische Störungen sein.

Diagnostische Hinweise:

Zusammensetzung des Futters:
- Trockenfutter kann aufgrund der geringeren Verderblichkeit sehr leicht dauernd und ad libitum angeboten werden. Es bietet viele Vorteile und Einsatzmöglichkeiten für die Therapie. Bei entsprechend disponierten Katzen kann eine höhere

Harnkonzentrierung zur Reizung der Schmerzfasern in der Blasenwand und zu FIC-Rezidiven führen.

- Dosenfutter führt zu vermehrter Flüssigkeitsaufnahme und folglich dazu, dass mehr Harn für allfällige Unsauberkeit oder Harnmarkieren zur Verfügung steht.
- Gleichzeitiges Angebot von Trocken- und Feuchtfutter hat erhöhte, unter Umständen doppelt so hohe, Futteraufnahme zur Folge.
- Proteinarmes Futter kann zu umgerichteter Jagdaggression führen.

Fütterungsmanagement:

- Ad libitum entspricht den natürlichen Bedürfnissen der Katze nach vielen kleinen Mahlzeiten, aber Fressen kann bei chronischen Angststörungen und depressiven Störungen zur substitutiven Aktivität werden und zu Übergewicht führen. Die tatsächlich pro Katze aufgenommene Futtermenge und das Fressverhalten selbst werden bei Ad-libitum-Fütterung vom Besitzer nur selten beobachtet. Es erfolgt keine Interaktion mit dem Besitzer, und die Katze kann unabhängig über ihre Bedürfnisse entscheiden.
- Restriktive Fütterung kann bei entsprechend prädisponierten Katzen zu Angststörungen, zu frustrationsbedingter Aggression, Hyperaktivität, Harnmarkieren oder umgerichteter Jagdaggression führen. Die Kontrolle der aufgenommenen Futtermenge und des Futterplatzes ist jedoch besser gewährleistet. Es findet eine soziale Interaktion mit dem Besitzer statt.
- Fütterung auf Verlangen: Manche Besitzer haben mit ihren Katzen ein Ritual etabliert, bei dem die Katze mehrmals täglich oder auch nachts Futter fordert und erhält.

Futterplatz:

- Futterplätze nahe dem Katzenklo können zur Verweigerung desselben und damit zu Unsauberkeit führen.
- Futterangebot an nur einem Platz kann im Mehrkatzen-Haushalt zu kompetitiver Aggression und Kontrolle des Futterplatzes durch andere Katzen führen.

Appetit:

- Hyporexie oder Anorexie kann, nach Ausschluss körperlicher Erkrankungen, ein Anzeichen für eine akute depressive Störung oder ein posttraumatisches Stress-Syndrom sein.
- Hyperphagie kann als substitutive Aktivität bei Angststörungen oder als Symptom einer chronischen Depression auftreten.
- Nächtliches Fressen: Katzen mit Angststörungen fressen unter Umständen nur nachts oder in Abwesenheit von Menschen oder anderen Katzen.
- Anwesenheit einer Bezugsperson: Katzen mit einer abhängigen Persönlichkeitsstörung fressen manchmal nur in Anwesenheit oder bei Körperkontakt mit der Bezugsperson.

Pica:

- Fressen von Wolle oder, generalisiert auf andere Textilien, Plastik und gummiähnlichen Substanzen ist eine Störung aus dem Spektrum der obsessiv-kompul-

siven Störungen. Das gehäufte Auftreten bei orientalischen Rassen (Siam, Burma) gibt Hinweis auf einen genetischen Hintergrund.
- Fressen von Katzenstreu ist bei Jungkatzen eine normale orale Exploration und verschwindet nach den ersten Erfahrungen.
- Fressen von Erde, Sand oder Katzenstreu bei erwachsenen Katzen ist meistens Zeichen einer schweren Erkrankung (Anämie, Maldigestion, Malabsorption, Tumoren oder ZNS-Infektion).

Persistierendes Saugverhalten:
- Handaufgezogene Katzenwelpen saugen häufig an sich selbst, Geschwistern oder weichen Textilien. In den meisten Fällen verschwindet dieses harmlose Symptom mit dem Erwachsenwerden.
- Saugen an Körperteilen wie Hautfalten, Ohrläppchen, Brustwarze des Besitzers kann Symptom einer abhängigen Persönlichkeitsstörung sein. Über das Absetzverhalten hinaus persistierendes Saugverhalten wird vor allem von Besitzerinnen toleriert und dadurch verstärkt.

3.3 Trinkverhalten

Die Vorfahren der Katze stammen aus trockenen Halbwüsten. Die Katze kann daher mit wenig Flüssigkeit auskommen, deckt einen Großteil ihres Bedarfs aus dem Futter und kann den Harn sehr stark konzentrieren.
Futter und Wasser werden unabhängig voneinander und an verschiedenen Orten konsumiert.
Katzen trinken bevorzugt stehendes, aber „lebendiges" Wasser zum Beispiel aus Gartenteichen, Aquarien, Gießkannen, Zimmerbrunnen, etc.
Normalerweise erhöhen Katzen die aufgenommene Wassermenge entsprechend, wenn sie nur Trockenfutter erhalten.
Um das Trinkverhalten zu stimulieren, sollte Wasser an mehreren Stellen und in attraktiver Weise für die Katze angeboten werden.

Diagnostische Hinweise:
- Bei zu geringer Wasseraufnahme wird der Harn sehr konzentriert, es kommt zu vermehrter Kristallbildung und Reizung der Schmerzfasern in der Blasenwand (FIC) mit Unsauberkeit als möglicher Reaktion.
- Bei Dosen- oder Frischfleischfütterung steigt die für Unsauberkeit und Harnmarkieren zur Verfügung stehende Harnmenge.
- Mundtrockenheit aufgrund anticholinerger Nebenwirkungen von Medikamenten kann zu vermehrter Wasseraufnahme, Zunge eintauchen oder Sitzen vor der Wasserschüssel führen.
- „Ertränken" von Spielmäusen oder Futter kommt vor, die Beute wird gewaschen und der Geruch oder Geschmack intensivieren sich wieder.

- Unterbeschäftigte Katzen spielen mit Wasser, insbesondere wenn einfallende Lichtreize hinzukommen. Für diese Katzen können Wasserplätze gut in die therapeutischen Strategien eingebaut werden.
- Der Zugang zum Trinkplatz kann im Mehrkatzen-Haushalt von einer Katze für andere blockiert werden.
- Trinken von der Wasserleitung kann sich als Ritual zwischen Katze und Besitzer entwickeln.

3.4 Jagdverhalten

Katzen sind ihrer Natur nach einzeln jagende Raubtiere. Sie jagen Beutetiere, die kleiner sind als sie selbst, und sie brauchen daher keine Hilfe oder Beteiligung anderer Katzen. Diese jagdliche Aktivität beansprucht viel Zeit, und Katzen sind im Durchschnitt 14,8% (aber im Extremfall bis zu 11 Stunden) eines Tages damit beschäftigt. Die Motivation für die Jagd bleibt, unabhängig von der Fütterung, erhalten und das bedeutet, dass auch der gut gefütterten durchschnittlichen Katze noch Motivation für über 3 Stunden pro Tag an jagdlicher Aktivität bleibt.

Verhaltenssequenz:
Katzen verfolgen zwei unterschiedliche Jagdstrategien – einerseits den langsamen Streifzug durch das Jagdrevier und andererseits den Ansitz.
Die Jagdsequenz ist vollkommen still und besteht aus dem Auflauern, Anpirschen in niedriger Haltung mit dem Bauch am Boden, die Ohren und Schnurrbarthaare sind nach vorne gerichtet, die Pupillen weit, die Schwanzspitze bewegt sich meistens. Kurz vor dem Sprung beginnt die Katze mit den Hinterbeinen zu trippeln, verlagert das Gewicht nach hinten und springt mit beiden Vorderpfoten auf das Opfer, bevor sie zubeißt. Anschließend wird mit dem verletzten oder bereits getöteten Beutetier gespielt, wobei jüngere und satte Katzen intensiver spielen als erfahrene und hungrige Katzen.
Auslösend für die Jagd wirken raschelnde und feine hohe Geräusche (bis in den Ultraschallbereich) und kurze ruckartige Bewegungen.
Die Vorliebe für bestimmte Tierarten wird durch die von der Katzenmutter ans Nest mitgebrachten Beutetiere und durch das Angebot im aktuellen Lebensraum beeinflusst.

Diagnostische Hinweise:
- Differenzialdiagnose Jagdverhalten und Aggression: Jagdverhalten ist von anderen Aggressionen durch die fehlende Kommunikation mit dem Opfer und vor allem durch die typische Verhaltenssequenz zu unterscheiden (S. 26).
- Umgerichtetes Jagdverhalten: Besonders reine Wohnungskatzen richten ihr Jagdverhalten auf alle bewegten menschlichen Körperteile wie Füße und Beine, Hände und Kopf; andere Katzen oder Hunde.
- Hunger aufgrund restriktiver Fütterung kann umgerichtetes Jagdverhalten – insbesondere vor den Fütterungszeiten – fördern.

- Jagdverhalten und Spiel kann bei hyperaktiven Katzen mit verringerter Selbstkontrolle nicht immer klar unterschieden werden, die Übergänge sind fließend. Spiel bedeutet, dass beide Spielpartner es als solches empfinden und keine negativen Emotionen aufkommen.
- Ontogenese: Die jagdlichen Ambitionen sind in hohem Maße genetisch bestimmt. Aufzucht mit Freilauf und Jagdmöglichkeiten fördert die Motivation für Jagdverhalten.

3.5 Aggression

Definitionen:
Agonistisches Verhalten umfasst alle Verhaltensweisen, die zur Lösung eines Konflikts beitragen. Dazu gehören Aggression, Flucht, Beschwichtigung, Inhibition etc.
Aggression sind alle Verhaltensweisen, die zu einer Beeinträchtigung der physischen und/oder psychischen Integrität oder der Freiheit eines anderen führen.

Nach dieser Definition ist schon eine Drohung und nicht erst der Angriff, aber auch Jagdverhalten und manchmal Spiel aggressives Verhalten.
Aggression als klinisches Zeichen kann somit viele verschiedene zugrunde liegende Motivationen haben, die aber von der Interpretation des Beobachters abhängen.
Aggression kann nach unterschiedlichen Kriterien eingeteilt werden:

- Nach dem Kontext (Konkurrenz, Jagd, Verteidigung von Jungtieren).
- Nach der vermuteten Motivation oder Emotion (Irritation, Angst).
- Nach der Kognition (Antizipation).
- Nach dem Opfer (Katze, Mensch).
- etc.

Das Mischen dieser Klassifikationskriterien führt zu Verwirrung und Inkongruenzen. Ein didaktischer und praktikabler Weg für die verhaltensmedizinische Praxis ist eine deskriptiv-kontextbezogene Klassifikation der Aggression.

! Aggression wird durch die Verhaltenssequenz, Körperhaltungen, Mimik und den Kontext, in dem sie auftritt, beschrieben.

Die Modalität der Aggression kann in Abhängigkeit vom Temperament der Katze, ihrer Erfahrung und der Situation **offensiv-proaktiv** oder **defensiv-reaktiv** sein.
Aggressive Signale von bekannten oder befreundeten Katzen untereinander können sehr subtil und für menschliche Beobachter unauffällig oder unsichtbar sein.

Spielaggression:
Spielaggression ist aggressives Verhalten während des Spiels von Jungkatzen und/oder erwachsenen Katzen mit Katzen oder/und Menschen (anderen Tieren), wodurch die Kontrolle über die motorische Aktivität und die Intensität des Kratzens und Zubeißens erlernt wird.
Im Spiel gibt es keine negativen Emotionen, sobald diese auftauchen ist es kein Spiel mehr.

Wenn der Katze die emotionale und motorische Selbstkontrolle fehlt oder sie zu grobem Spiel (Rangeleien, Angebot von Händen oder Füßen zum Spiel) erzogen wurde, kann das Spiel Schäden verursachen und ist nicht mehr physiologisch.
Die Differenzialdiagnose von Spielaggression und umgerichteter Jagdaggression ist nicht immer leicht und eindeutig möglich, da viele Verhaltenselemente der Jagd im Spiel vorkommen und die Übergänge fließend sind. Jagdverhalten hat, im Gegensatz zu Spiel, eine organisierte klare Sequenz, im Spiel wechseln die Verhaltenselemente wahllos ab.
Heftige Spielaggression kann ein Symptom für eine Hyperaktivitätsstörung (S. 181), dyssoziale Persönlichkeitsstörung (S. 197) oder mangelnde Stimulation in einer reizarmen Umwelt sein.

Kompetitiv-soziale Aggression:
Eine im Allgemeinen kontrollierte Aggression gegenüber bekannten oder befreundeten Artgenossen, anderen Tieren oder auch Menschen in Wettbewerbsituationen um Ressourcen und Privilegien wie Futter, Beute, Spielzeug, Ruhe- oder Aussichtsplätze, Katzenklo, Wasserstelle, Passagen, soziale Kontakte, etc.
Diese Form der Aggression ist meistens subtil und besteht in

- Drohungen durch fixiertes Anstarren oder zumindest nicht Wegschauen (Abb. 3.3),
- Sitzblockaden,
- Pfoten heben und Schlagandrohung,
- Wegdrängen,
- Anspringen mit beiden Vorderpfoten,
- In-den-Nacken-Beißen.

Abb. 3.3 Bedrohung durch Anstarren.

Die Aggression wird manchmal nur offensichtlich, weil die bedrohte Katze zu fauchen beginnt.

Kompetitiv-soziale Aggressionen sind im Mehrkatzen-Haushalt alltäglich und normal. Wenn ein Ungleichgewicht im sozialen System entsteht und sich eine oder mehrere Katzen sehr zurückziehen und ihre Bewegungsfreiheit verlieren, ist die Situation pathologisch.
Übertriebene oder extrem einseitige kompetitiv-soziale Aggression ist ein Symptom bei Angststörungen zusammenlebender Katzen (S. 188).

Defensive Aggressionen:
Aggressionen zur Selbstverteidigung sind die häufigsten aggressiven Verhaltensweisen bei der Katze. Es gibt ein Kontinuum von milder kontrollierter Aggression bis zur heftigen und ungehemmten Selbstverteidigung. Die Empfindung tatsächlicher oder eingebildeter Bedrohung hängt mit der Nähe des Reizes zusammen. Bis zur **Flucht- oder Sicherheitsdistanz** reagiert die Katze mit Flucht oder Drohungen und Scheinangriffen zur Distanzierung der Gefahr. Die **kritische Distanz** ist der Abstand, wo die Katze mit Angstaggression reagiert, weil Entkommen unmöglich ist (Abb. 3.4).

Die beiden Distanzen variieren von Katze zu Katze in Abhängigkeit von der persönlichen Erfahrung, der Art der Bedrohung und der Stimmung.
Die Kombination von emotionalen und kognitiven Faktoren führt dazu, dass defensive Aggressionen sehr leicht klassisch und instrumentell konditioniert und dadurch zur Hyperaggression werden.
Defensive Aggressionen können ein unspezifisches Symptom für körperliche und psychische Störungen sein.

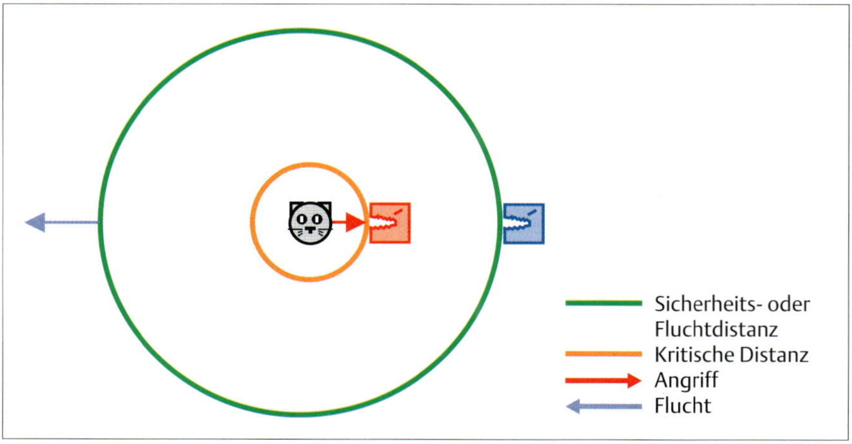

Abb. 3.4 Fluchtdistanz und kritische Distanz.

- **Irritative Aggression:**
  Eine kontrollierte defensive Aggression als Reaktion auf eine tatsächliche oder antizipierte Interaktion mit einem anderen Individuum (Katze, Mensch, anderes Tier), mit dem die Katze korrekt sozialisiert ist. In der Drohphase spannt sich die Katze an, zuckt mit der Schwanzspitze, schnauft oder faucht kurz, die Pupillen werden weit. Der Angriff besteht in Pfoten auflegen oder schlagen und/oder kurzem Hinschnappen, manchmal wird der kontrollierte Biss in den Hals oder in die Hand kurz gehalten. Danach zieht sich die Katze meistens zurück und putzt sich kurz oder sie beginnt eine neuerliche Drohphase.
  Irritative Aggression kann mit oder ohne Anzeichen von Furcht oder milder Angst auftreten. Irritative Aggression wird sehr rasch instrumentalisiert – die Drohphase geht verloren und die Angriffe werden heftiger und unkontrollierter.
  Typische Kontexte für irritative Aggression sind:
  - Streicheln oder Geputztwerden.
  - Fixierung.
  - Fellpflege oder andere Manipulationen.

Die irritative Aggression ist eine typische Aggression der Katze. Die oft nur kurze und subtile Drohphase wird vom Besitzer übersehen oder ignoriert, wodurch die Angriffe unvorhersehbar erscheinen. Für den plötzlichen Stimmungsumschwung (petting & biting) gibt es eine Hypothese, dass Überreizung verantwortlich sein kann. Berührung und Schmerz haben einige gemeinsame Nervenbahnen, und wiederholte taktile Reize können bei der Katze unangenehme Empfindungen oder Schmerz auslösen.
Gesteigerte irritative Aggression kann ein unspezifisches Symptom von Angststörungen (S. 184), dyssozialer Persönlichkeitsstörung (S. 198), Hyperaktivitätsstörung (S. 181) und depressiven Störungen (S. 191) sein.

- **Schmerzbedingte Aggression:**
  Aggression aufgrund eines antizipierten oder tatsächlichen Schmerzes, einer schmerzhaften Manipulation oder Erkrankung gegen die Person, das Tier oder unbelebte Objekt, das mit dem Schmerz assoziiert wird (ihn verursacht oder anwesend ist/war während er gefühlt wird). Schmerz, auch chronischer, ist ein sehr wichtiger Auslöser für Aggression!
  Diese Aggression unterliegt sehr schnell einer klassischen und instrumentellen Konditionierung.
  Ein typisches Beispiel: Der Katze wurde versehentlich auf den Schwanz getreten. Alle Kontextbedingungen können in Zukunft Auslöser für Aggression sein: menschliche Beine oder bestimmte Bewegungen, bewegter Stoff (Rocksaum, Mantel), Gerüche, Geräusche, Orte, etc. Die Aggression weitet sich noch mehr aus, wenn diese Situationen generalisiert werden.

- **Angstaggression:**
  Die Angstaggression ist eine heftige und unkontrollierte Reaktion, wenn die kritische Distanz der Katze unterschritten wird und physisch oder mental keine Flucht-

Abb. 3.5 Distanzierungsaggression (offensive Körperhaltung).

möglichkeit besteht (Abb. 3.4). Die Situation kann real gefährlich sein oder von der Katze subjektiv als sehr gefährlich wahrgenommen werden.
Die Angstaggression ist von neurovegetativen Anzeichen und defensiver Körperhaltung begleitet.

- **Distanzierungsaggression:**
  Proaktive Aggression, um insbesondere unbekannte Individuen der gleichen oder einer anderen Art auf Distanz zu halten oder die Distanz wieder bis zur Sicherheitsdistanz zu vergrößern. Die Körperhaltung ist aufrecht und schwankt zwischen eindeutig offensiv und ambivalent. Die Katze geht seitwärts mit leicht gesenktem Kopf auf den Eindringling zu oder startet Scheinattacken (Abb. 3.5). Die Aggression endet, wenn die Gefahr auf Distanz bleibt. Distanzierungsaggression tritt unabhängig davon auf, ob die Katze sich in ihrem Territorium befindet oder nicht. Der Eindringling kann eine objektive Gefahr darstellen oder von der Katze nur subjektiv als solche wahrgenommen werden.

- **Territoriale Aggression:**
  Territoriale Aggression wird gegenüber Fremden, selten auch gegenüber bekannten Mitgliedern der eigenen Gruppe gezeigt, wenn diese in das unmittelbare Territorium der Katze eindringen oder eindringen wollen. Als Territorium ist der - Bereich anzusehen, in dem die Katze bevorzugten Zugang zu begrenzten Ressourcen, zum Beispiel Futter- und Schlafplätze, genießt. Je nach Persönlichkeit der

Katze ist die Aggression defensiv oder proaktiv, auf eine Drohung beschränkt oder die Angriffe sind direkt und heftig. Die Aggression endet, wenn sich der Eindringling zurückzieht.
Die territoriale Aggression richtet sich in erster Linie gegen andere Katzen, aber es können auch Hunde oder Menschen wie Besucher, Putzfrau, neue Partner etc. Opfer werden.

- **Frustrationsbedingte Aggression:**
  Kontrollierte Aggression in einem Kontext von Mangel, Unzugänglichkeit oder Verzögerung eines positiven erwarteten Ereignisses:
  - Verspätete oder fehlende Mahlzeit.
  - Belohnung.
  - Sozialer Kontakt.

  Die Katze attackiert mehr oder weniger heftig mit Krallen und Zähnen bis sie ihr Ziel erreicht hat. Eine andere Möglichkeit, wie sich frustrationsbedingte Aggression äußern kann, ist Harnmarkieren.
  Frustrationsbedingte Aggression ist ein typisches Symptom, wenn die Selbstkontrolle fehlt (S. 19), bei Hyperaktivitätsstörung (S. 181) und dyssozialer Persönlichkeitsstörung (S. 198).

- **Umgerichtete Aggression:**
  Die umgerichtete Aggression hat keine spezifische Sequenz oder Auslöser. Sie ist nur durch den Umstand gekennzeichnet, dass sich die Aggression nicht gegen das Individuum richtet, das sie auslöst, sondern auf das nächstbeste neutrale Opfer (andere Katze, Menschen, Hunde, bewegte Objekte) umgerichtet wird.
  Jede der beschriebenen Aggressionen kann somit zur umgerichteten Aggression werden.
  Umgerichtete Aggression ist eine der häufigsten Ursachen für Missverständnisse zwischen zusammenlebenden Katzen. Die schnelle Konditionierung und die Reaktionen des Opfers spielen eine wichtige Rolle bei der Aufrechterhaltung eines symmetrischen aggressiven Zyklus.

- **Jagdaggression:**
  Jagdverhalten ist nach der hier angewendeten Definition eine Aggression, auch wenn ihr andere neurophysiologische Mechanismen und Motivationen zugrunde liegen.
  Beschreibung der Sequenz siehe Jagdverhalten (S. 25).
  Katzen jagen Beutetiere, die kleiner sind als sie selbst. Der Mensch passt daher eigentlich nicht wirklich ins Beuteschema der Katze. Die jagdliche Motivation liegt jedoch in der Bedürfnishierarchie der Katze sehr hoch. Wenn die Katze keine Möglichkeit hat dieses Verhalten auszuleben, kann es ohne spezifische Auslöser auftreten oder auf alternative Ersatzziele umgerichtet werden. Dadurch können bewegte Körperteile des Menschen wie Füße, Beine, Hände, Kopf ebenso wie Kin-

der, Partnerkatzen oder Hunde zum Trigger für Jagdverhalten werden. Während der Morgen- oder Abenddämmerung und wenn die Katze hungrig ist, steigt die Wahrscheinlichkeit für Jagdaggression.

Auf Menschen umgerichtetes Jagdverhalten ist nur selten das einzige Symptom; fast immer sind andere Zeichen wie Hypervigilanz, Mydriasis, Rolling-Skin-Syndrom etc. zu finden, die Hinweis auf eine Angststörung aufgrund restriktiver Lebensbedingungen geben.

- **Hyperaggression:**
  Hyperaggression ist eine pathologische Form der Aggression.
  Sekundäre Hyperaggression ist das Ergebnis einer instrumentellen Konditionierung von Aggression. Eine erkennbare Drohphase fehlt, die Angriffe werden reflexartig, die Aggression wird heftig und ungehemmt (S. 13). Die auslösenden Kontexte werden generalisiert und die Aggression verliert jegliche adaptiven Funktionen. Grundsätzlich kann sich jede Aggression zur Hyperaggression entwickeln.
  Primäre Hyperaggression tritt plötzlich auf und hat sich nicht durch instrumentelle Konditionierung entwickelt. Sie ist ein Hinweis auf eine neurologische Störung oder andere zugrunde liegende organische Erkrankungen (Tumor, Infektion, Tollwut, portosystemischer Shunt, etc.).
  Bei der Hyperaggression gibt es keine strukturierte Sequenz, keine erkennbaren Auslöser oder Kontexte.

3.6 Elimination

Das Eliminationsverhalten ist ähnlich wie das Putzverhalten sehr fragil und daher anfällig für Abweichungen aufgrund von äußeren oder inneren Faktoren.
Ungefähr bis zur dritten Lebenswoche wird die Ausscheidung von Kot und Harn von der Mutter durch das intensive Belecken der Anogenitalregion ausgelöst. Sobald die Kitten festes Futter aufnehmen sind sie auch zur selbstständigen Elimination in der Lage. Das Ausscheidungsverhalten wird durch instinktiv erkannte entsprechende Substrate, Gerüche und die Imitation der Mutter ausgelöst.
Eine Präferenz für spezielle Substrate und Ausscheidungsplätze entsteht früh und kann sehr stark sein.
Unter Freilaufbedingungen bevorzugen Katzen zur Ausscheidung weiche und lockerfeinkörnige Substrate wie trockene Erde, Sand, Sägespäne oder Ähnliches.

Verhaltenssequenzen:
Für die **Miktion** gräbt die Katze mit den Vorderpfoten eine kleine Mulde, über die sie sich anschließend hockt und den Harn im Strahl absetzt. Die Körperhaltung ähnelt dem Sitzen, das Becken ist aber angehoben und der Schwanz wird waagrecht gehalten oder leicht schräg nach oben gestreckt. Danach erfolgt meistens eine Geruchskontrolle und das Loch wird mit den Vorderpfoten unter wiederholter Geruchskontrolle wieder zugegraben.

Die **Defäkation** läuft im Grunde gleich ab, dauert aber deutlich länger. Die Katze erhebt sich etwas mehr als bei der Miktion aus der hockenden Haltung. Kot wird nicht immer und nicht von allen Katzen bedeckt, sondern bleibt vor allem abseits der unmittelbaren Kernzone unbedeckt.
Miktion und Defäkation finden nur selten gemeinsam am selben Ort statt, normalerweise liegt eine kurze Zeitspanne oder eine Wegstrecke zwischen den beiden Sequenzen. Unter Freilaufbedingungen wechselt die Katze die Ausscheidungsplätze wahrscheinlich aus hygienischen Gründen immer wieder.
Im Durchschnitt setzen Katzen 2- bis 3-mal täglich Harn und einmal täglich Kot ab. Individuelle Abweichungen in Abhängigkeit von Art und Technik der Fütterung sind möglich.

Die Wohnungshaltung von Katzen ist vor allem auch deswegen so beliebt, weil sich diese – meistens – mit einem vom Menschen angebotenen Katzenklo zufriedengeben.

! Probleme im Zusammenhang mit dem Ausscheidungsverhalten sind oft nur Managementfehler, die durch einfache Maßnahmen behandelt werden können.

Analyse der Ausscheidungsplätze:

- **Anzahl:** Katzenklos sollten in ausreichender Anzahl zur Verfügung stehen. Als Richtwert gilt: Anzahl der Katzenklos = Anzahl der Katzen + 1.
  Das heißt für den Haushalt mit einer Katze sind mindestens zwei Katzenklos erforderlich.
- **Standort:** Die Standorte sollten über die gesamte Wohnfläche verteilt sein. Nebeneinander stehende Katzenklos zählen als ein einzelner Standort.
  In jeder Wohnetage soll mindestens ein Katzenklo angeboten werden.
  Auf die Wohnfläche bezogen sollte pro 50–70 m^2 ein Katzenklo zur Verfügung stehen. Das gilt insbesondere für junge und für ältere oder behinderte Katzen.
  Die Standorte sollten jederzeit frei zugänglich sein, ohne dass die Katze den Zutritt einfordern muss, zum Beispiel am Balkon.
  Die angebotenen Ausscheidungsplätze sollten ausreichend weit von Futter- und Ruheplätzen entfernt sein.
- **Fluchtwege:** Im Mehrkatzen-Haushalt sollten Sackgassen und räumlich sehr enge Standorte vermieden werden. Es sollte mindestens einen weiteren Fluchtweg geben (eventuell auch nach oben), wenn ein Zugang durch eine andere Katze blockiert wird.
- **Störungen:** Die Standorte sollten störungsfrei sein (plötzliche Geräusche, Hunde, Kinder …). Katzen bevorzugen Plätze, die ihnen Übersicht und Rückendeckung bieten, sodass sie vor herannahenden überraschenden und unerwünschten Begegnungen sicher sind.
- **Größe:** Die Größe des Katzenklos muss der Größe der Katze angepasst sein. Die meisten handelsüblichen Katzenklos sind zu klein beziehungsweise am unteren Limit. Sehr große, übergewichtige und ältere, unbewegliche Katzen benötigen wesentlich mehr Platz, um sich umdrehen zu können.

- **Bauart:** Zugedeckte Katzenklos werden sehr häufig verweigert. Die Geruchsbelastung erscheint für den Besitzer verringert, für die Katze wird sie in dem kleinen Raum um ein Vielfaches erhöht! Höhlenartige Räume entsprechen in keiner Weise den natürlichen Ansprüchen der Katze an einen Ausscheidungsort.
- **Standfestigkeit:** Das Katzenklo sollte ausreichend standfest sein, um versehentliches Kippen zu vermeiden, wenn die Katze am Rand balanciert.
- **Einstreu:** Die Einstreu sollte feinkörnig und weich sein. Klumpende Einstreu wird von den meisten Katzen bevorzugt. Jegliche Zusatzstoffe und Parfüms können zur Verweigerung des Katzenklos führen.
- **Einstreutiefe:** Die Einstreu sollte ausreichend tief (mindestens 5 cm) sein, damit die Katze die Verhaltenssequenzen vollständig ausführen kann.
- **Sauberkeit:** Die regelmäßige Reinigung der Katzenklos sollte selbstverständlich sein, wobei die erforderliche Frequenz von Katze zu Katze unterschiedlich ist. In Einzelfällen wird ein Katzenklo bereits nach einmaliger Benützung als unsauber abgelehnt. In ganz seltenen Fällen wird das Katzenklo zu intensiv gereinigt und von der Katze gar nicht mehr als Ausscheidungsort erkannt.

Diagnostische Hinweise:

- Das Katzenklo wurde überhaupt noch nie benützt: Die Katze hat nie gelernt ein Katzenklo zu benützen, ist auf ein spezielles Substrat (textile oder glatte Oberfläche) geprägt oder hat ein kognitives Defizit.
- Harn- oder Kotabsatz unmittelbar neben dem Katzenklo bedeutet, dass die Katze den Ausscheidungsort an sich zwar respektiert, aber mit den Detailbedingungen wie Sauberkeit, Art der Einstreu, Größe, etc. Probleme hat.
- Pfoten schütteln und Balancieren am Rand kann ein Hinweis auf unsaubere oder unakzeptable Katzenstreu sein, mit der die Katze so wenig Kontakt wie nur möglich haben möchte.
- Kot- und/oder Harnabsatz über den Rand des Katzenklos ist durch zu geringe Größe bedingt. Manche Katzen haben die normale, aber unangenehme Angewohnheit, sich während des Harnabsatzes zu erheben, bis sie eine stehende Position wie beim Harnmarkieren einnehmen.
- Wird Kot nicht bedeckt, wurde es entweder nicht gelernt oder es kann auch Hinweis auf unakzeptable Einstreu sein, mit der die Katze keinen Kontakt haben will.
- Zugangsblockade: Im Mehrkatzen-Haushalt kann das scharrende Geräusch im Katzenklo Signal für eine andere Katze sein und aggressives Verhalten wie Anstarren, Belauern, Wegblockade oder Angriff auslösen. In diesen Fällen wird die bedrohte Katze die Verhaltenssequenz verändern und nicht mehr scharren oder auf leisere Oberflächen und andere Orte ausweichen.
- Unsystematische Unsauberkeit bei der keine Orts- oder Materialpräferenz oder kein bestimmtes Muster zu erkennen ist, hat meistens organische Ursachen oder hat sich durch Strafmaßnahmen des Besitzers entwickelt.

3.7 Schlaf- und Ruheverhalten

Der Schlaf ist nicht nur die Abwesenheit von Verhalten, sondern eine komplexe physiologische Aktivität.

Schlafverhalten kann nach der **Quantität** und nach der **Qualität** beurteilt werden.

Die **Schlafdauer** der Katze variiert je nach Alter, Jahreszeit und Lebensbedingungen – im Winter, in der Jugend, im Alter und bei reiner Wohnungshaltung ohne spezielle Beschäftigung schlafen Katzen mehr. Die gesamte Schlafdauer kann bis zu 15 Stunden betragen.

Die Verteilung der Schlaf- und Aktivitätszeiten über den Tag ist individuell unterschiedlich. Die meisten Katzen sind in den Dämmerungsphasen sehr aktiv, manche auch nachts. Viele Katzen können jedoch ihren Lebensrhythmus an den ihrer Besitzer angleichen.

Der **Schlafzyklus** einer Katze dauert ungefähr 30 Minuten (beim Menschen 90 Minuten), davon entfallen 25 Minuten auf den Leicht- und Tiefschlaf und rund 5 Minuten auf die REM-Phase, in der die Katze träumt. Nach der REM-Phase erwacht die Katze meistens kurz und ein neuer Schlafzyklus beginnt.

In der Traumphase fehlt der Muskeltonus fast komplett, es gibt rasche und ruckartige Bewegungen der Augenlider, der mimischen Muskulatur, der Schnurrhaare und der Pfoten, Sträuben der Haare und eventuell Lautäußerungen.

Die Wahl des Schlafplatzes und der **Schlafhaltung** hängt von den Temperaturverhältnissen und individuellen Vorlieben ab. Katzen können in Brust-Bauchlage, in Seitenlage, eingerollt oder seltener in Rückenlage schlafen. Soziale Katzen schlafen gerne in engem Körperkontakt.

Als **Schlafplatz** bevorzugen Katzen trockene, warme und weiche Orte. Gerne werden auch höhlenartige Verstecke oder nur knapp an die Körpergröße angepasste Behältnisse wie Körbe, Kartons, Waschbecken, etc. angenommen. Diese Schlafplätze wechseln mit der Jahres- und Tageszeit.

Die Wahl des Schlafplatzes hängt auch vom individuellen Sicherheitsbedürfnis der Katze ab. Je unsicherer sich eine Katze fühlt, desto geschützter muss ihr Schlafplatz sein. Vollständige Entspannung und Tiefschlaf ist für viele Katzen nur in sichtgeschützten sicheren Verstecken möglich.

Schlafen im Bett des Besitzers sollte bei einzeln gehaltenen Wohnungskatzen nach Möglichkeit gestattet werden, besonders wenn die Katze tagsüber alleine sein muss.

Isolations- und Rückzugszonen werden auch von sozialen Katzen zeitweise gegen andere Katzen verteidigt beziehungsweise von diesen als Tabuzone respektiert.

Diagnostische Hinweise:

- Verringerte Schlafdauer unter 12 Stunden kann Hinweis auf eine Hyperaktivitätsstörung (S. 181), eine unipolare Störung (S. 192) oder auch eine Angststörung (S. 184) sein.
- Erhöhte Schlafdauer ist bei depressiven Störungen (S. 191) zu beobachten.
- Bei Hypervigilanz (S. 206) ist die Schlafdauer reduziert, die Katze erwacht sehr schnell bei jedem kleinsten Geräusch.

- Intensive Bewegungen während des paradoxen Schlafes mit Heben des Kopfes und Kontraktionen großer Muskelpartien können frühe Anzeichen einer neurologischen Störung oder eine REM-Schlafstörung sein.
- Störungen des Wach-Schlafzyklus aufgrund von Degeneration bestimmter Kerne sind bei alten Katzen sehr häufig, bei Katzen über 15 bis 18 Jahre fast regelmäßig zu beobachten.

3.8 Putzverhalten

Das Putzverhalten ist bei der Katze, ebenso wie das Eliminationsverhalten, anfällig für Alterationen durch innere und äußere Einflüsse.
Katzen sind zwischen 10 und 30% ihrer Wachzeit mit der Körperpflege beschäftigt. Putzverhalten wird zentral gesteuert, tritt regelmäßig auf und ist nicht nur eine reine Reaktion auf Hautreize. Das Verhindern des Putzverhaltens durch eine Halskrause beeinträchtigt das Wohlbefinden der Katze erheblich und sollte mit den Erfordernissen gut abgewogen werden. Nach dem Tragen einer Halskrause intensiviert sich das Putzverhalten, in manchen Fällen wird sogar die Innenseite der Halskrause beleckt, wenn die Katze längere Zeit keine Möglichkeit hat, sich zu putzen.
Jungkatzen beginnen sich ab der 2. Lebenswoche selbst zu putzen, was am Anfang noch mehr nach Pfoten lutschen aussieht. Ab der 4. Woche können sie sich mit den Hinterpfoten kratzen, ohne umzufallen.
Die **Verhaltenssequenz** läuft ziemlich strukturiert ab, die Katze putzt sich von vorne nach hinten. Die Sequenz beginnt mit dem Belecken der Nase und Lippen, den Vorderpfoten, dann wird das Gesicht und anschließend auch die Ohren und der Bereich hinter den Ohren mit der feuchten Vorderpfote geputzt. Danach folgen die Schultern, Thorax und Flanken in sitzender oder liegender Haltung. Bauch und Anogenitalbereich werden in halbsitzender Haltung bei hochgestrecktem Hinterbein mit der Zunge geputzt.
Kleine Fellknoten, verkrustete Stellen oder Fremdkörper werden mit den Incisivi herausgeknabbert. Manche Katzenmütter oder auch sehr soziale Katzen beißen ihren Kitten oder Partnern aus ebendiesem Grund die steiferen Tasthaare ab. Auch das Sohlenhorn und die seitlich abblätternden Hüllen der Krallen an den Hinterpfoten und seltener an den Vorderpfoten werden mit den Zähnen entfernt.
Mithilfe der Zunge, der Vorder- und Hinterpfoten kann die Katze jede Zone ihres Körpers erreichen.

Putzverhalten ist regelmäßig nach dem Fressen, vor und nach einer Ruhe- oder Schlafphase zu beobachten. In Konfliktsituationen oder bei Frustration beginnen sich manche Katzen als substitutive Tätigkeit zu putzen.
Neben der Fellpflege und der Abkühlung im Sommer hat das Putzverhalten auch soziale und neurophysiologische Funktionen.
Durch gegenseitiges Putzen wird die freundschaftliche Bindung unter den Katzen gefestigt, Spannungen abgebaut und ein gemeinsamer Geruch geschaffen.

Sich zu putzen hat durch die Produktion von Endorphinen auch für die Katze selbst einen entspannenden und angstlösenden Effekt und verhilft ihr damit wieder zur emotionalen Homöostase.

Diagnostische Hinweise:

- Fehlendes Putzverhalten ist beim akuten posttraumatischen Stress-Syndrom (S. 190) und bei depressiven Störungen (S. 191) zu beobachten.
- Übermäßiges Putzverhalten wird nur in Ausnahmefällen vom Besitzer beobachtet und muss daher in den meisten Fällen anhand der Effekte auf das Fell beurteilt werden.
- Gegenseitiges Putzen ist ein wichtiges freundschaftliches Verhalten, das die Katzen verbindet.
- Haare ausreißen an den Vorderpfoten oder im Schulterbereich kann ein substitutives Verhalten in Konfliktsituationen sein oder eine Störung aus dem obsessiv-kompulsiven Spektrum (S. 194).
- Fehlende Informationen: In der Erstkonsultation kann der Auftrag zur gezielten Beobachtung des Putzverhaltens erteilt werden.

3.9 Kommunikation

Die Katze kann über verschiedene Mittel und Wege mit anderen kommunizieren. Die beiden wesentlichen Kommunikationsziele sind:

- Vermeidung von Kontakt und Distanz vergrößern.
- Anbahnung von Kontakt und Distanz verringern.

Einige der Signale erfordern die unmittelbare Anwesenheit des Partners, andere Botschaften sind dauerhafter und können Zeit und Raum überbrücken. Die meisten Signale sind Kombinationen.

- **Optisch:** Optische Signale sind die Mimik und Körperhaltungen, Bewegungen, aber auch Kratzspuren und Harnspots. Sichtbare Signale können in Anwesenheit und in Abwesenheit von Sozialpartnern wirksam sein.
- **Akustisch:** Katzen kommunizieren untereinander relativ wenig über Lautäußerungen. Die wichtigsten Phasen akustischer Kommunikation sind die Kontakte zwischen Mutter und Jungtieren, das Werbe- und Sexualverhalten sowie die Selbstverteidigung. Im Umgang mit dem Menschen erweitern Katzen ihr Lautrepertoire enorm, da die subtilen körpersprachlichen und geruchlichen Signale vom Menschen ignoriert oder nicht wahrgenommen werden können. Selbst Kratzmarkieren hat eine wesentliche akustische Komponente, die nicht übersehen werden sollte.
  Lautäußerungen können sehr leise, bis in den Ultraschallbereich, und kleinräumig wirken wie das tonlose Miau, Schnurren oder Gurren zur Begrüßung. Das typische Rufen von rolligen Kätzinnen kann hingegen sehr große Distanzen überbücken.
- **Olfaktorisch:** Die chemische Kommunikation über Gerüche und Pheromone ist vermutlich einer der wichtigsten Wege von Katzen, um Botschaften zu über-

mitteln. Geruchliche Botschaften wirken in An- und Abwesenheit eines Partners, der Hauptvorteil ist das Überbrücken von zeitlicher Distanz zwischen den Kommunikationspartnern. (Markierverhalten, S. 42).
- **Taktil:** Die wichtigsten taktilen Signale sind das gegenseitige Putzen und das Allomarkieren, bei dem sich die Katzen aneinander reiben. Die Kommunikation über Berührung ist neben den akustischen Signalen die wichtigste Form der Verständigung der Katzenmutter mit ihren noch blinden Kitten.

Inkongruente und unverständliche Kommunikation kann auf schlechte oder unvollständige Beschreibungen, falsche Interpretationen des Besitzers (oder Tierarztes) aber auch auf neurologische Störungen zurückgeführt werden.

Körpersprache

Für die Beurteilung von Stimmung, Emotionen und Verhalten ist die Beobachtung der Körpersprache von entscheidender Bedeutung (Abb. 3.6–3.12). Zumindest die wesentlichsten Signale wie Körper- oder Schwanzhaltung können bei gezielter Befragung *(Schließen Sie einfach die Augen und lassen Sie die Situation noch einmal vor Ihrem inneren Auge ablaufen ...)* vom Besitzer praktisch immer beschrieben werden. Wenn sich der Untersucher damit kein klares oder kongruentes Bild machen kann, ist eine der therapeutischen Anweisungen der Auftrag, die Katze(n) genauer zu beobachten oder Videoaufnahmen zu machen.

Bei der Körpersprache können Mimik, Körperhaltungen und Bewegungen unterschieden werden.

Ohrenhaltung:
- Aufmerksam oder neutral: aufgestellte oder nach vorne gerichtete Ohren.
- Aufmerksam, unsicher: Ohren sind aufrecht oder in verschiedene Richtungen gedreht, beweglich (Abb. 7.5, S. 155).
- Defensiv aggressiv: seitlich angelegte, eventuell so knapp angelegte Ohren, dass sie unsichtbar werden.
- Offensiv aggressiv: seitlich und schräg nach hinten gedrehte Ohren.

Pupillengröße:
- Die Pupillengröße hängt wesentlich vom Lichteinfall ab.
- Angst: maximale Mydriasis.
- Jagd, Spiel: Pupillengröße variabel, unmittelbar vor dem Angriff weit.
- Offensiv aggressiv: Pupillen eng.

Schnurrbart:
- Neutral, in Ruhe: angelegt, entspannt.
- Jagd, Spiel, Exploration, Blindheit: weit nach vorne gespreizt.
- Offensiv aggressiv: nach vorne gespreizt.

Abb. 3.6 Drohendes Fixieren mit dem Blick.

Abb. 3.7 Ambivalente Haltung – Katzenbuckel.

Abb. 3.8 Defensive Drohhaltung.

Abb. 3.9 Offensive Mimik im Spiel beim rechten Kitten.

Abb. 3.10 Höchste Abwehrhaltung – hier im Spiel.

Abb. 3.11 Angstvolle Mimik und Haltung: Mydriasis, Ohren seitlich und beginnende Seitenlage (defensiv).

Abb. 3.12 Erwartungshaltung bei der Exploration.

Schwanzhaltung:

- Freundlich, aufgeschlossen: aufrecht, eventuell kleiner Haken wie ein Fragezeichen.
- Spiel, Erregung, Angst: aufrecht, Haare gesträubt.
- Harnmarkieren: aufrecht, zitternd.
- Offensiv aggressiv: wie verkehrtes U mit der Spitze nach unten.
- Angst: zwischen den Beinen eingezogen, am Bauch.
- Neutral, Exploration: locker hängend oder im 45°-Winkel mit der Spitze knapp über dem Boden.
- Neutral, Ruhe, Schlaf: um den Körper geschlungen.
- Jagd, Konzentration: Schwanzspitze bewegt sich langsam, mit Pausen.
- Erregung, Unwillen: Schwanzspitze oder ganzer Schwanz bewegt sich ruckartig.
- Auf Hunde sozialisiert: Schwanzwedeln.

Körperhaltung:

- Ängstlich, unsicher, defensiv: Katzen verkleinern ihre Silhouette und kauern sich zusammen.
- Offensiv aggressiv: Katzen vergrößern ihren Umriss durch Strecken der Hinterbeine.
- Defensive Abwehr: Halbseiten- oder Rückenlage mit vorgestreckten Pfoten und Krallen.
- Ambivalenz: Katzenbuckel mit maximal gesträubtem Fell.
- Spielaufforderung, Werbeverhalten: am Rücken liegen, wälzen.

Kopfhaltung:

- Angst, Unsicherheit, defensiv: eingezogen, tiefe Haltung.
- Offensiv aggressiv: nach vorne gestreckt, gerade und oder leicht nach unten gehalten.
- Beschwichtigung, freundlich: seitlich weggedreht.

Einige weitere Signale:

- Drohung, Schlagandrohung: Pfote erhoben, Gewicht mehr auf der Hinterhand.
- Unentschiedenheit, Konflikt: Pfote leicht vom Boden angehoben, Gewicht gleichmäßig verteilt.
- Beschwichtigung: blinzeln, Augen schließen.
- Drohung: fixiertes Anstarren.

Bewegungen:

- Bei einem drohenden Angriff, Unsicherheit und beim Rückzug bewegen sich Katzen langsam wie in Zeitlupe oder gehen rückwärts.
- Schnelle plötzliche Bewegungen können einen Angriff (Aggression oder Jagd) auslösen.

Vokalisieren

Die stimmlichen Äußerungen der Katze haben eine große Bandbreite:

- **Schnurren:** Das Schnurren ist eine spezifische Lautäußerung, die es nur bei Feliden gibt. Schnurren entsteht durch Muskelkontraktionen als aerodynamisches Phänomen im Larynx und der angrenzenden Trachea. Katzenmütter schnurren während der Geburt und wenn sie ihre Kitten säugen. Ab dem 2. Lebenstag sind auch die Katzenbabys in der Lage zu schnurren. Schnurren wird in Situationen des Wohlbefindens, aber auch bei Unsicherheit, zur Beschwichtigung, bei Angst, Schmerz, schweren Erkrankungen oder vor dem Tod geäußert. Im Kontakt mit dem Menschen setzen Katzen Schnurren gezielt zur Kommunikation ein, es kann konditioniert werden.
- **Gurren:** Klingt wie ein angerolltes miau und ist ein Begrüßungslaut für andere Katzen, von Katzenmüttern gegenüber ihren Kitten und vor allem gegenüber dem Menschen. Beim Werbeverhalten gurren Kater und Kätzin ausdauernd.
- **Knurren:** Drohlaut gegenüber Katzen, Menschen oder anderen Tieren.
- **Fauchen:** Drohung, defensive Lautäußerung zur Distanzierung.
- **Spucken:** Explosionsartiges Ausstoßen von Luft bei Schreck, Angst oder Panik.
- **Miauen:** Extrem variables Spektrum vom einfachen mie bis zum langgezogenen Geschrei. Miauen wird in erster Linie dem Menschen gegenüber geäußert, Katzen untereinander miauen sich nicht an.
- **Jaulen oder singen:** Offensive Lautäußerung gegenüber anderen Katzen, vor allem von Katern untereinander, selten gegenüber dem Menschen.
- **Schmerz- oder Angstschrei:** Durchdringendes Schreien in extremen Situationen, bei überraschenden Angriffen, Schmerz oder Angst.
- **Schnattern:** Aufgeregtes Keckern mit klapperndem Kiefer beim Anblick von unerreichbarer oder gefährlicher Beute (Insekten, Vögel).
- **Schnaufen:** Leise drohende Äußerung mancher Katzen gegenüber anderen, um einen unerwünschten engen Kontakt zu beenden.
- **Stereotypes Miauen:** Repetitive Störung durch Degenerationserscheinungen bei alten Katzen; instrumentalisiert durch unbewusste Verstärkung des Besitzers.

3.10 Markierverhalten

Beim Markierverhalten werden Gerüche und Pheromone an Objekten oder Sozialpartnern verteilt. Diese Botschaften sind langsamer und wirken länger als eine Körperhaltung oder ein Laut.
Die 4 wichtigsten Markierungen sind:

- Harnmarkieren
- Kratzmarkieren
- Gesichtsmarkieren
- Allomarkieren

Daneben werden auch Pfotenspuren und eben verlassene Sitzplätze von anderen Katzen intensiv beschnuppert und manchmal geflehmt.
Ob Katzen mit Kot markieren (Middening) ist nicht ganz eindeutig geklärt. Es gibt Fälle, in denen Katzen ihren Kot ähnlich wie Hunde, Marder oder Füchse an prominenten Stellen deponieren und nicht bedecken.

Harnmarkieren

Harnmarkieren wird von männlichen wie weiblichen, kastrierten und unkastrierten Katzen gezeigt. Unkastrierte Kater markieren am intensivsten, unkastrierte Kätzinnen markieren vorwiegend während der Rolligkeit mit Harn. Nach der Kastration sinkt die Markierfrequenz deutlich ab. Rund 10% der kastrierten Kater und 5% der kastrierten Kätzinnen markieren.

Harnmarkiert wird von Katzen ganz allgemein in Situationen hoher Erregung, sei es positiv oder negativ.
Die Wahrscheinlichkeit, dass in einem Haushalt markiert wird, steigt mit der Anzahl der Katzen. Und je mehr Spannungen es zwischen den Katzen gibt, desto eher wird mit Harn markiert.

Verhaltenssequenz:
Die Katze sucht sich markante Punkte, bevorzugt mit einer vertikalen Struktur, beschnuppert die Stelle und dreht sich um. Die Hinterbeine werden durchgestreckt, die Katze trippelt auf der Stelle und macht einen kleinen Buckel, der Schwanz zittert und Harn wird mit konzentriertem Gesichtsausdruck horizontal oder leicht nach oben gespritzt. Danach dreht sich die Katze oft noch einmal um und beschnuppert die markierte Stelle oder geht einfach weg.
Es gibt Katzen, die in hockender Stellung markieren, auch dabei zittert der Schwanz.
Beim Scheinmarkieren trippelt die Katze mit den Hinterbeinen, macht einen leichten Buckel und zittert mit dem Schwanz, spritzt jedoch keinen Harn.

- Gelegentliches **reaktives Harnmarkieren** in aufregenden Situationen oder bei Veränderungen in der Umwelt ist **physiologisch.**

- Beim **instrumentalisierten Harnmarkieren** ist die Sequenz unvollständig, und die Katze markiert automatisch und reflexartig ohne Geruchskontrolle. Instrumentalisiertes Harnmarkieren hat keine adaptive Funktion mehr, es tritt auch unabhängig vom ursprünglichen Auslöser auf.

Wenn der Besitzer die Sequenz nicht direkt beobachten kann, hilft die Beschreibung der markierten Stelle weiter:
Der Harn wird in 30 bis 40 cm Höhe an eine vertikale Struktur gespritzt, rinnt nach unten und an der Basis bildet sich ein kleiner See. Die Mengen sind oft nur sehr gering. Reaktives Harnmarkieren tritt gelegentlich und nur an einzelnen Stellen auf. Markierte Stellen haben für die Katze eine soziale Bedeutung.
Beim instrumentalisierten Harnmarkieren wird gewohnheitsmäßig ein- bis mehrmals täglich an vielen, immer mehr und wechselnden Stellen wahllos markiert.

Typische Markierstellen sind:
- Fenster, Türen und deren Einfassungen.
- Vorhänge.
- Ecken und Mauervorsprünge.
- Verbindungswege zwischen den verschiedenen Aktivitätsfeldern der Katze.
- Steckdosen, andere optische Spots in entsprechender Höhe.
- Küchen- und andere Elektrogeräte.
- Unbekannte oder neue Objekte.
- Stellen und Objekte, an denen Pheromone sind, wie Kopfpolster, getragene Wäsche, Sitzplätze von bestimmten Personen, Hundekorb, etc.
- Personen.

Häufige Auslöser und Ursachen sind:
- Soziale Spannungen im Mehrkatzen-Haushalt.
- Harnmarkierungen anderer Katzen.
- Optischer, akustischer oder olfaktorischer Kontakt mit fremden Katzen.
- Intensive Reinigung der Wohnung mit Entfernung von mehr als 30 bis 50% der Gesichtsmarkierungen.
- Räumliche, zeitliche oder soziale Veränderungen im Ökosystem.
- Optische Spots wie feuchte oder farbveränderte Stellen.
- Frustration durch Hunger, fehlenden Kontakt oder Unregelmäßigkeiten im Tagesablauf (Freigang etc.)
- Fremde und intensive Gerüche.
- Aufregung, Begrüßung, Jagd.
- Jahreszeitliche Schwankungen (Winter, Frühjahr).

Abb. 3.13 Kratzmarkieren.

Kratzmarkieren

Kratzmarkierungen sind eine Kombination von olfaktorischen, akustischen und optischen Signalen. Die mit den Pfoten angebrachten Pheromone haben keine große Reichweite, sodass die optischen Veränderungen anziehend auf andere Katzen wirken.
Die Krallenpflege ist ein sekundärer Effekt des Kratzmarkierens, aber nicht die hauptsächliche Motivation.

Verhaltenssequenz:
Katzen suchen sich bevorzugt Kratzmarkierstellen in der Nähe ihrer Schlaf- und Ruheplätze oder zentral gut sichtbare Plätze.
Die Orientierung kann vertikal, schräg oder horizontal sein. Sie stellen oder setzen sich auf die Hinterbeine und kratzen rund 2- bis 10-mal mit den Vorderpfoten (Abb. 3.13).
Freilaufkatzen wählen Bäume oder Objekte, an deren Oberfläche die Kratzspuren gut sichtbar sind. Das Gefühl des Aus- oder Zerreißens von Rinde oder Fasern scheint für das subjektive Empfinden befriedigender Markierung große Bedeutung zu haben.
Kratzmarkierungen werden regelmäßig erneuert; je länger eine Kratzstelle in Gebrauch ist, desto mehr Bedeutung hat sie.

Diagnostische Hinweise:
- Kratzmarkieren ist ein physiologisches Verhalten der Katze. Probleme treten häufig auf, weil dieses Verhalten vom Besitzer nicht verstanden und die Bedürfnisse der Katze nicht respektiert werden.

Abb. 3.14 Gesichtsmarkieren.

- Sowohl vermindertes als auch übersteigertes Kratzmarkieren kann Symptom einer Angststörung sein. Die Beurteilung erfolgt ipsativ, das heißt die früheren Markiergewohnheiten der Katze werden mit der momentanen Intensität verglichen.

Gesichtsmarkieren

Durch Reiben von Gesicht und Kinn deponieren Katzen Pheromone der Talgdrüsen an unbelebten Objekten und Sozialpartnern. Gesichtsmarkierungen machen diese Objekte und Sozialpartner vertraut für die Katze und haben einen beruhigenden Effekt. Diese Markierungen werden regelmäßig erneuert.
Vom Menschen wird dieses Verhalten als freundschaftliche Geste angesehen und positiv verstärkt.
Die meisten Besitzer registrieren zwar das Markierverhalten, beobachten die Katze dabei aber nicht bewusst. Veränderungen im Markierverhalten müssen daher direkt erfragt werden.

Verhaltenssequenz:
Die Katze nähert sich einem Objekt oder einer Kante und reibt sich mit dem Gesicht vom Kinn oder Mundwinkel bis zu den Ohren daran (Abb. 3.14). Vorstehende Kanten werden unter Umständen am Ende der Sequenz mit den Molaren angekaut, wodurch sie auch noch mit Speichel imprägniert werden. Horizontale Flächen werden manchmal nur mit dem Kinn markiert.

An ständig markierten Stellen bleiben schwarze schmierige Beläge.

Diagnostische Hinweise:

- Das Entfernen von mehr als 30 bis 50% der Gesichtsmarkierungen in der Wohnung (Großputz) beeinträchtigt das Wohlbefinden und führt zur Deritualisierung im Leben der Katze.
- Vermindertes oder gesteigertes Gesichtsmarkieren kann Symptom einer Angststörung sein. Die Beurteilung muss ipsativ erfolgen.
- Es ist noch nicht geklärt, ob Katzen mit Angststörungen in der Lage sind, sich mit ihren eigenen Gesichtsmarkierungen wieder eine entspannte vertraute Umwelt zu schaffen.

Allomarkieren

Allomarkieren bedeutet, dass sich Katzen aneinander reiben, belecken und dadurch mit Pheromonen markieren. Der entstehende gemeinsame Gruppengeruch trägt zur sozialen Bindung und ganz wesentlich zum Wiedererkennen bei.

Verhaltenssequenz:
Eine der beiden oder beide Katzen reiben sich aneinander, entweder indem sie parallel gehen oder bei einer Begegnung aneinander streifen. Manchmal wird die andere Katze kurz am Kopf oder Hals beleckt. An die Markiersequenz kann sich eine Analkontrolle anschließen.
Der Mensch wird von der Katze regelmäßig markiert – ob als Objekt der Umwelt oder als Sozialpartner ist offen.
Die Katze streift an den Beinen entlang, manche stellen sich dabei sogar auf die Hinterbeine. Vertraute Katzen wollen ihre Besitzer wie Katzen von Nase zu Nase begrüßen und Kopf an Kopf reiben.

Diagnostische Hinweise:
Allomarkieren in der Gruppe ist ein freundschaftliches Verhalten, das die Kohäsion erhöht.

3.11 Exploration

Das Explorationsverhalten der Katze kann während der Konsultation sehr gut beobachtet werden.

! Obwohl – oder gerade weil – sich die Katze in einer Ausnahmesituation und außerhalb ihres gewohnten Lebensraumes befindet, ist das Explorationsverhalten im Konsultationsraum außerordentlich interessant und aufschlussreich.

In dieser für die Katze ungewohnten Situation präsentiert sie ihre adaptiven Fähigkeiten, ein mehr oder weniger flexibles Zusammenspiel ihrer psychobiologischen

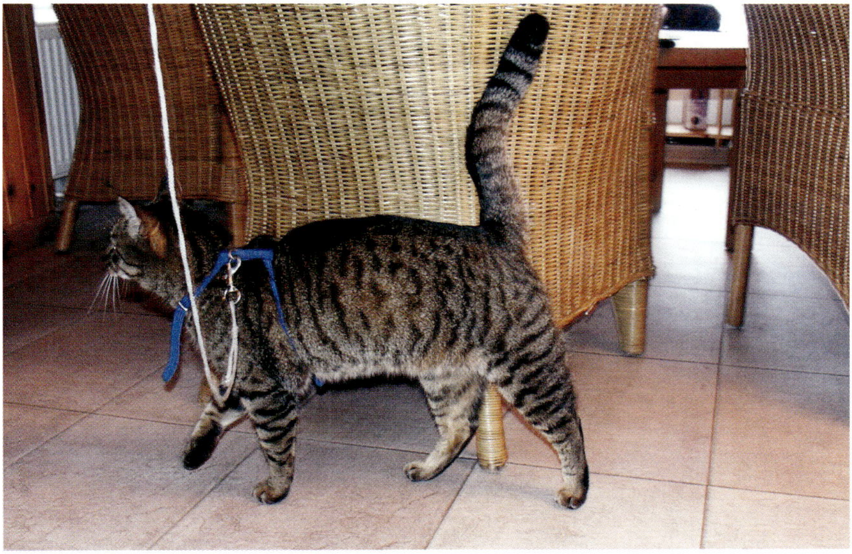

Abb. 3.15 Katze in der Konsultation an der Leine.

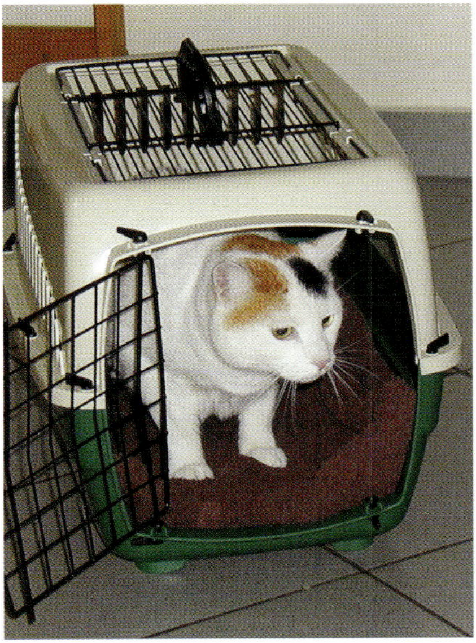

Abb. 3.16 Das Maximum an Exploration bei einer inhibierten Katze während einer Stunde.

Abb. 3.17 Inhibition und Exploration bei zwei kastrierten Katern.

Elemente wie Kognition, Emotionen und Wahrnehmung, Verhalten und neurovegetative Erscheinungen. In ihrer gewohnten Umgebung zu Hause explorieren Katzen zwar regelmäßig, aber nur zu bestimmten Zeiten, die nicht mit dem Hausbesuch übereinstimmen müssen.

Direkte Beobachtung:
Die Katze sollte in ihrem geöffneten Transporter auf den Boden des Raumes gestellt werden. Fenster und Türen müssen selbstverständlich geschlossen oder – noch besser – versperrt sein.
Der Besitzer sollte mit der Katze keinen aktiven Kontakt aufnehmen, darf sie aber natürlich streicheln, wenn sie zu ihm kommt.
Sehr aggressive und insbesondere offensiv aggressive Katzen sollten aus Sicherheitsgründen nur kontrolliert (falls akzeptiert an einer Leine, Abb. 3.15) oder gar nicht freigelassen werden!
Wenn die Katze den Transporter auch gegen Ende der Konsultation nicht verlassen hat, kann sie freundlich herausgehoben und klinisch untersucht werden. Danach setzt man sie etwas abseits ihres Transporters auf den Boden und beobachtet ihre Reaktion.

Was kann beobachtet werden:
- **Inhibition:** Die Katze bleibt während der ganzen Konsultation wie erstarrt in ihrem Transporter und bewegt sich nicht – diese erstarrte Hypervigilanz ist Symptom einer Angststörung (Abb. 3.16).
- **Teilweise Inhibition:** Die Katze verlässt zwar den Transporter, aber sie zieht sich an einen geschützten Platz im Raum zurück und bewegt sich nicht mehr. Fehlende Exploration ist Symptom einer Angststörung (Abb. 3.17).

Abb. 3.18 Exploration in normaler Körperhaltung.

Abb. 3.19 Gesichtsmarkieren in der Konsultation.

- **Unsichere Exploration:** Die Katze exploriert hastig, angespannt in ganz niedriger Körperhaltung mit dem Bauch auf dem Boden schleifend. Sie reagiert auf die geringsten Geräusche, ist hypervigilant und sichtbar fluchtbereit.
- **Normale Exploration:** Die Katze kommt entweder sofort oder nach einigen Minuten aus dem Transporter. Die erste Reaktion in ungewohnter Umgebung ist immer ein prüfender Rundumblick, um sofort alle möglichen Fluchtwege und Rückzugsmöglichkeiten zu erfassen. Die Körperhaltung ist bergauf, die Vorderbeine gestreckt, die Hinterbeine leicht eingeknickt, der Kopf nach vorne gestreckt (Abb. 3.12, S. 40). Anschließend beginnt die Katze den Raum schnuppernd und systematisch zu untersuchen. Wege an der Wand entlang werden bevorzugt. Nach der ersten Ebene springt die Katze in die nächsthöhere Zone auf Sessel, Tische, Fensterbank oder Regale (Abb. 3.17 und 3.18).
- **Selbstbewusste Exploration:** Die Katze inspiziert in aufrechter Körperhaltung, nimmt auch Kontakt mit dem Tierarzt auf, markiert Kanten und Beine mit Gesichtspheromonen (Abb. 3.19). Grünpflanzen werden untersucht oder angefressen. Einzelne Katzen beginnen zu spielen oder wälzen sich auf dem Boden, Türmatten oder Sessel werden kratzmarkiert.
- **Erster Stopp:** Wenn die Katze den Raum erforscht hat, findet sie einen Platz, der ihr angenehm ist und Übersicht gestattet. Sehr an ihre Besitzer gebundene oder abhängige Katzen sitzen auf deren Schoß; manche Katzen ziehen sich wieder in ihren Transporter zurück. Die Zeit bis die Katze ihre Exploration beendet und sich hinsetzt oder legt sollte notiert werden. Ausgeglichene Katzen sind nach ungefähr 15 bis 30 Minuten fertig und sitzen danach still und beobachten ihre Umgebung.

- **Hyperaktivität:** Das Explorationsverhalten hyperaktiver oder agitierter Katzen erscheint oberflächlich, unstrukturiert und wiederholt. Die Bewegungen sind hastig, wechselnd am Boden und in der zweiten oder sogar dritten Ebene an Orten, die bisher noch keine Katze untersucht hat. Die Katze kratzt an Türen oder Vorhängen, gräbt in Blumentöpfen, miaut, etc. Die Katze ruht während der ganzen Konsultation nicht oder nur für ganz kurze Zeit, um dann wieder von vorne zu beginnen.

3.12 Stimmung

Die Stimmung ist eine vorherrschende affektive Grundverfassung, die die Wahrnehmung der Welt, die Kognition und auch die Emotionen beeinflusst. Die Stimmungslage entspricht somit dem emotionalen Klima im Individuum.
Die Stimmung der Katze lässt man sich am besten vom Besitzer subjektiv mit seinen eigenen Worten beschreiben. Falls dies Schwierigkeiten bereitet, kann man ihm Stichworte wie ängstlich, reizbar, instabil, heiter, depressiv etc. anbieten. Um Missverständnisse zu vermeiden und weiterreichende Information zu erhalten, kann man fragen: *Warum halten Sie Ihre Katze für reizbar? Was macht Ihre Katze, das Sie zu der Aussage veranlasst, sie wäre depressiv?*

Diagnostische Hinweise:

- Ängstlichkeit: Ängstlichkeit wird bei der Katze häufig als normal hingenommen. Häufige oder permanente Angstzustände verursachen jedoch einen hohen Leidensdruck.
- Reizbarkeit: Bei erhöhter Reizbarkeit sollte man neben körperlichen Erkrankungen und Schmerz auch an ein Symptom für eine chronisch-depressive Störung, Angststörungen, Hyperaktivitätsstörung, eine unipolare Störung oder eine dyssoziale Persönlichkeitsstörung denken.
- Hyperzustand: Die Katze ist in ihrem Verhalten und ihren Reaktionen übersteigert und produktiv: Hyperaktivität, Hyperreaktivität, Hypersensibilität, Vokalisieren, etc. sind Hinweise auf eine Hyperaktivitätsstörung oder unipolare Störung.
- Stimmungsschwankungen: Wechselnde Stimmung kann auf eine unipolare Störung hindeuten. Bei der Katze sind geringe Stimmungsschwankungen auch physiologisch und jahreszeitlich bedingt. Instabile Patientenbesitzer können ihre eigene psychische Verfassung eventuell auf die Katze projizieren.

3.13 Kognition

Kognition ist eine Sammelbezeichnung für jeden Prozess, durch den ein Lebewesen Kenntnis erhält, diese Informationen verarbeitet und sich ein Weltbild macht. Kognitive Vorgänge könnten als das Denken bezeichnet werden. Es zählen aber auch Erkennen, Vorstellen, Urteilen, Schlussfolgerungen ziehen, Lernen, Gedächtnis, Vermutung, Planung und Problemlösung dazu.

Obwohl Sprache und Denken in einem engen Zusammenhang stehen, so ist Denken doch nicht unbedingt an die Sprache gebunden. Auf dem vorsprachlichen Niveau findet Denken als Assoziation von Sinneseindrücken, Verhaltensmustern und Situationen oder als bildhaft-anschauliches Denken statt. Beim symbolhaft-abstrakten Denken können Begriffe oder Symbole auch unabhängig von der Situation und unmittelbaren Sinneswahrnehmung durchgespielt werden.
Die Katze erreicht ein sehr hohes kognitives Niveau – der Lernprozess der instrumentellen Konditionierung wurde ja erstmals an der Katze demonstriert. Sie ist in der Lage sowohl bildhaft als auch abstrakt zu denken.
Ein Kriterium für das kognitive Entwicklungsniveau ist die sogenannte **Objektpermanenz.** Dies bedeutet, dass auch bei Unsichtbarkeit eines Objekts eine Vorstellung seiner Existenz in der Welt bleibt. Jungkatzen können ab 4 Monaten ein vor ihren Augen verstecktes Objekt wiederfinden. Diese Fähigkeiten sind lebenswichtige Grundlage für die jagdlichen Strategien der Katze.
Als territoriales Tier muss die Katze auch eine räumliche Vorstellung von sich selbst in Bezug auf bestimmte Orte haben. Optische, akustische und insbesondere olfaktorische „Bilder“ fügen sich zu einer **kognitiven Landkarte** zusammen, mit der sich Katzen in ihrer Umwelt orientieren.
Zu komplizierten logischen Schlussfolgerungen, die über einfache transitive Überlegungen (wenn – dann) hinausgehen, ist die Katze nicht in der Lage.
Altersbedingte Abbauprozesse im Gehirn führen auch bei der Katze zu **kognitiver Dysfunktion** und Senilität. Ganz generell altert die Katze jedoch im Vergleich zu anderen Arten in guter psychischer Verfassung.

Abb. 3.20 Spiegel im Konsultationsraum.

Es gibt keine speziellen Tests, um die Kognition der Katze zu beurteilen. Gezielte Fragen zu besonderen (erlernten) Fähigkeiten, Auffassungsgabe und Reaktion in bestimmten Situationen, sowie die direkte Beobachtung in der Konsultation sind aufschlussreich.

Diagnostische Hinweise:

- Reaktion auf das eigene Spiegelbild (Abb. 3.20): Katzen können sich nicht selbst im Spiegel erkennen (nur Schimpanse und Orang Utan sind dazu fähig). Jungkatzen reagieren manchmal kurzfristig mit Spielaufforderungen, verlieren aber wegen der fehlenden komplementären Antwort schnell das Interesse.
- Reaktion auf TV: Viele Katzen reagieren auf bewegte Objekte oder Tiere im Fernsehen und versuchen diese seitlich, oberhalb oder hinter dem Gerät zu finden.
- Reaktion auf (Tier-)Geräusche aus dem Radio: Orientierung und Suche nach der Herkunft oder Flucht, wenn es sich um angstauslösende Geräusche handelt.
- Reaktion auf verstecktes Objekt: Die Katze sucht weiterhin das Spielzeug, wenn es unter dem Sofa verschwunden ist und stöbert sogar nach einigen Stunden oder Tagen wieder an dieser Stelle.
- Körperbewusstsein: Wenn sich die Katze versteckt oder einer Beute auflauert, ist sie sich ihres ganzen Körpers bewusst und versteckt sich vollständig (nicht nur den Kopf), manchmal wird der Schwanz nicht ganz einbezogen und bleibt teilweise sichtbar.
- Besondere Fähigkeiten: Katzenklappe benützen, Türen öffnen, menschliche Toilette benutzen.... In welchem Zeitraum und wie hat die Katze diese Aufgaben gelernt?
- Konfusion und räumliche Desorientiertheit: Futterplatz, Katzenklo oder andere wichtige Orte werden nicht mehr gefunden, die Katze steht mitten im Raum und blickt planlos umher; die Katze erwacht und braucht einige Zeit oder kann sich nicht orientieren.
- Ziellose Aktivität: Scheinbar zielloses und wiederholtes Umherwandern, plötzlich Stehenbleiben oder Umdrehen als hätte die Katze vergessen, was sie gerade wollte.
- Soziale Beziehungen: Beeinträchtigte soziale Beziehungen können ein Hinweis auf ein kognitives Defizit sein. Die Katze scheint Sozialpartner nicht mehr oder nur sehr verzögert zu erkennen.

Hohe kognitive Fähigkeiten sind eine optimale Grundlage für alle Verhaltenstherapien.
Bei deutlich reduzierten kognitiven Fähigkeiten ist vor allem an folgende Störungen zu denken:

- Deprivationssyndrom (S. 183).
- Hyperaktivitätsstörung (S. 181).
- Kognitive Dysfunktion (S. 195).

☐ Frau ☐ Herr

Name/Vorname/Akad. Titel

Straße/Nr.

PLZ/Ort

Beruf

☐ **Ja,** ich bin an regelmäßigen, kostenlosen und völlig unverbindlichen Informationen auch per E-Mail interessiert. Meine Daten werden dazu elektronisch gespeichert, jedoch nicht an Dritte weitergegeben.

E-Mail

Nutzen Sie Ihre Gewinnchance!

Sie nehmen automatisch an unserem Gewinnspiel teil. Wir verlosen unter allen Einsendern einen Buchgutschein der Medizinverlage Stuttgart GmbH & Co. KG im Wert von € 100,–. Die Verlosung findet jeweils am 30.6. und 31.12. statt. (Der Rechtsweg ist ausgeschlossen).

41081

Bitte freimachen, falls Marke zur Hand!

Antwort

MVS Medizinverlage Stuttgart
GmbH & Co. KG
Leserservice
Oswald-Hesse-Str. 50
70469 Stuttgart

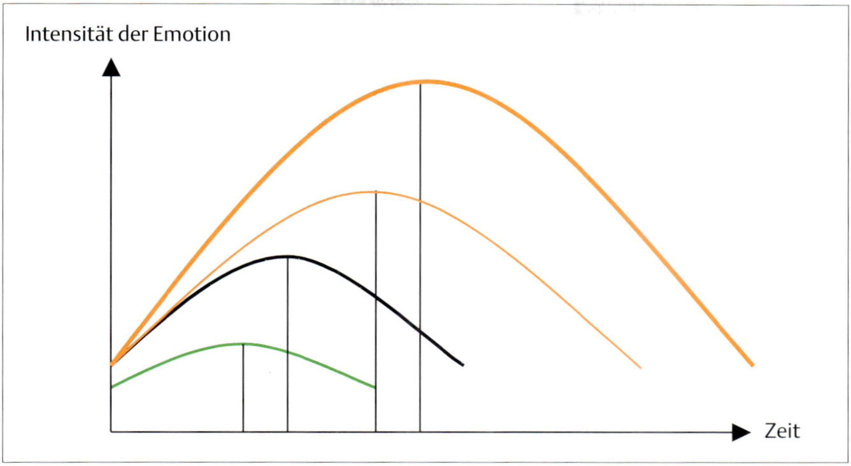

Abb. 3.21 Habituation und Sensibilisierung. Die schwarze Linie zeigt das Ansteigen der emotionalen Spannung und den Abfall. Die grüne Linie darunter ist das Ergebnis der Habituation oder Desensibilisierung (■). Die beiden orangen Linien darüber sind das Ergebnis einer Sensibilisierung (■) – die Intensität der Emotion steigt und sie dauert länger.

3.14 Emotionen

Emotionen sind das persönliche subjektive Erleben von inneren oder äußeren Reizen oder kognitiven Prozessen. Sie gehen mit physiologischen und verhaltensmäßigen Reaktionen einher. Die Emotionen der Katze können nur anhand dieser körpersprachlichen und neurovegetativen Äußerungen extrapoliert und interpretiert werden.
Im Gegensatz zur länger anhaltenden Stimmung sind Emotionen wie Angst, Überraschung, Wut, Traurigkeit, Ekel, etc. nur kurzfristige Erscheinungen wie das Wetter (im Vergleich zur Stimmung, die dem Klima entspricht).
Für die Interpretation lässt man sich die kommunikativen Signale der Katze möglichst genau beschreiben.
Es gibt zwei Katzentypen:
Ausdrucksstarke extrovertierte Katzen, deren Körpersprache leicht zu erkennen ist.
Inhibierte oder introvertierte Katzen, die sich nur sehr subtil ausdrücken. Diese Katzen neigen dazu, psychosomatische Symptome zu entwickeln.

Emotionen führen zu Handlungen, mit denen die psychische Homöostase wieder erreicht werden soll, danach klingt die Emotion wieder ab. Lange anhaltende Emotionen wie Angst oder Zorn sind pathologisch und ein Hinweis darauf, dass die Katze durch ihr Verhalten keine psychische Ausgeglichenheit erreichen kann (Abb. 3.21).

Zur **psychopathologischen Sensibilisierung** kommt es, wenn die Katze noch vor dem Erreichen eines Entspannungszustandes aus einer intensiven emotionalen Situation herauskommt, d. h. diese verlassen kann oder vom Besitzer daraus „gerettet" wird.
Beim nächsten Mal wird die Emotion noch intensiver sein und länger andauern.

Diagnostischer Hinweis:
Zeitraum bis die Katze nach einem intensiven emotionalen Erlebnis wieder normal erscheint: Üblicherweise wird ein ausgeglichener Zustand nach 15 bis 30 Minuten wieder erreicht, nach extrem intensiver Angst oder Kämpfen bis zu 2 Stunden. Bleibt die Katze auch noch Stunden oder Tage nach dem Ereignis (Weggehen der Besucher, Kampf mit anderer Katze) versteckt oder aggressiv, ist die Emotion pathologisch.

3.15 Neurovegetative Symptome

Die neurovegetativen Symptome sind direkt sichtbare, organische Manifestationen von Emotionen, vor allem von Angst. Die in der akuten Situation vorrangig aktivierten Neuromediatoren sind Adrenalin und Dopamin.

- Tachykardie, Tachypnoe.
- Salivation: Katzen speicheln sehr leicht bei Stress und vor allem nach Eingabe von Medikamenten. Salivation unterliegt sehr schnell einer klassischen Konditionierung (Abb. 3.22).
- Mydriasis.
- Transpiration.
- Erbrechen, Dyspepsie.
- Durchfall, Kolitis.
- Emotional bedingte Miktion/Defäkation.
- Rolling Skin: Die Haut zuckt und es laufen wellenartige Bewegungen über den Rücken.

3.16 Soziale Beziehungen

Die soziale Organisation von Katzen ist sehr individuell, man könnte sie als „fakultativ sozial" bezeichnen. Das Beutetierspektrum und die Jagdmethode der Katze erfordern keine organisierte gemeinsame Strategie. Mäuse sind klein genug, um sie alleine zu erlegen und zu klein, um sie noch teilen zu können.
Bei ausreichendem Nahrungsangebot besteht jedoch für die Katze kein Grund, ein asoziales Leben zu führen. Eine typische soziale Organisation ist die matriarchalisch organisierte Familiengruppe. Junge Kater werden ab der Pubertät ausgeschlossen und finden sich zu Bruderschaften zusammen, die Töchter bleiben in der Gruppe, und der Nachwuchs wird gemeinsam aufgezogen. Sozial reife Kater ab drei bis vier Jahren, die sich ihre Position erkämpft haben, leben meistens allein und durchstreifen die Territorien von mehreren Kätzinnen oder Familiengruppen.

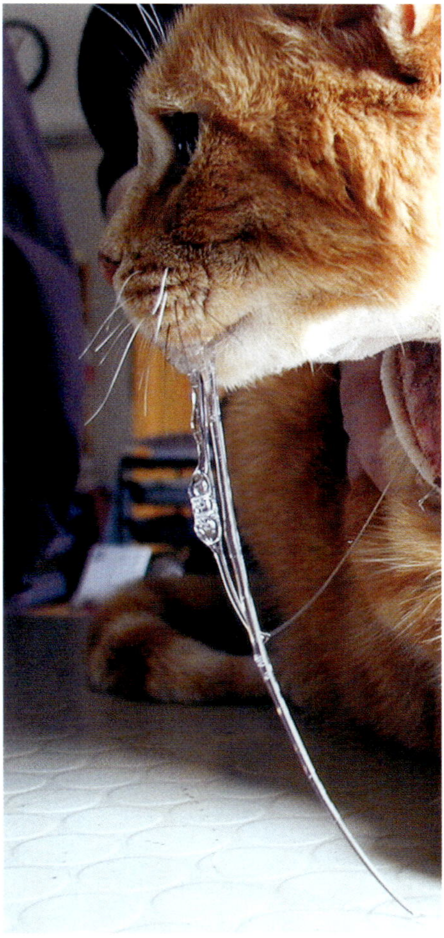

Abb. 3.22 Salivation aufgrund einer Phobie.

In der Gruppe aufgewachsene und kastrierte Katzen sind meistens sozial und entwickeln oft sehr enge Bindungen aneinander. Die sozialen Bedürfnisse von einzeln gehaltenen Katzen halten sich in Grenzen und verkümmern mit zunehmendem Alter. Die fakultative Geselligkeit der Katze verbietet aber eine wahllose Vergesellschaftung. Der Zusammenhalt und die Bindung in einer sozialen Gruppe wird durch einen gemeinsamen Gruppengeruch erhalten. Vorübergehend – auch kurzfristig – abwesende Katzen verlieren ihren Gruppengeruch, werden nicht erkannt und unter Umständen als „Fremde“ aggressiv behandelt oder angegriffen.
Zwischen Katzen existiert üblicherweise keine auf dem Zugang zu Privilegien und der Kommunikation von Dominanz beziehungsweise Submission aufgebaute, kooperative, hierarchische Rangordnung wie beim Hund.

! Die soziale Ordnung wird vielmehr von unzähligen internen und externen Faktoren beeinflusst und basiert eher auf diplomatischen Vermeidestrategien.

Neben genetischen, durch Erfahrung und den unmittelbaren Moment bedingten Einflüssen auf die Katze gilt vor allem die Grundregel: Wer **zur richtigen Zeit am richtigen Ort** ist hat die bessere Position.
Problematische soziale Ordnungen ergeben sich, wenn passive, ängstliche Katzen durch sozial expansive, aktive oder aggressive Katzen unterdrückt werden.

Die Analyse der sozialen Beziehungen von Katzen ist aufgrund der subtilen und sehr stark olfaktorisch ablaufenden Kommunikation nicht immer leicht.
Es ist jedoch möglich, mit wenigen für die Beziehungsqualität wichtigen Parametern einen guten Eindruck zu gewinnen.

! Vor allem bei Unsauberkeit und Harnmarkieren im Mehrkatzen-Haushalt sollten die sozialen Beziehungen der Katzen immer untersucht werden.

In der Praxis hat sich ein pragmatisches Vorgehen bewährt:
- Einzelne Verhaltensweisen beispielhaft untersuchen.
- Grafische Darstellung der Beziehungen.

Folgende Interaktionen können exemplarisch zur Beurteilung der Beziehung herangezogen werden:
- **Kontaktliegen:** Miteinander befreundete Katzen liegen oder schlafen in mehr oder weniger intensivem Körperkontakt beisammen.
- **Gegenseitiges Putzen:** Katzen, die in Kontakt liegen, putzen sich meistens auch gegenseitig. Es ist nicht völlig klar, ob epimeletisches (aktives Putzen) oder etepimeletisches (passives Geputztwerden oder Fordern) Verhalten mit dem sozialen Status einer Katze oder nur mit der augenblicklichen Stimmung zusammenhängt. Die Rollen wechseln, auch wenn es bestimmte Vorlieben für aktives oder passives Putzen gibt.
  Das Putzen der anderen Katze kann auch bei Begegnungen oder im Spiel beobachtet werden.
- **Soziales Spiel:** Befreundete aktive Katzen spielen regelmäßig miteinander. Der Übergang vom Spiel zum Kampfspiel ist fließend.
  Kriterien für Spiel sind:
  - Es wird leise gespielt, nur sehr selten gefaucht.
  - Es gibt keine oder nur minimalste Verletzungen.
  - Es gibt nur kurze oder gar keine Phasen von Meideverhalten.
  - Die Rollen sind flexibel und wechseln.
  - Die Stimmung ist freundlich.
  - Beide Katzen initiieren abwechselnd ein Spiel.

Wenn diese Kriterien nicht erfüllt sind und eine der Katzen Angst hat, ist das Spiel zumindest nicht mehr ausgeglichen und im Interesse beider Katzen.

- **Aggression:** Aggressives Verhalten kommt auch unter befreundeten Katzen regelmäßig vor. Je nach Katzenanzahl und Platzangebot wird gedroht, gefaucht oder es gibt Pfotenhiebe (Abb. 3.23). Solange die freundschaftlichen oder neutralen Kontakte überwiegen, sind diese Aggressionen physiologisch und unproblematisch. Erst wenn eine Katze ständig bedroht oder attackiert wird, ist Aggression als Symptom zu werten.

Die Anzahl der wechselseitigen Beziehungen steigt exponenziell mit der Anzahl der beteiligten Sozialpartner (n): Beziehungen = n mal (n-1).
In einem Bestand mit 3 Katzen gibt es 6 wechselseitige Beziehungen. Kommt eine Katze neu hinzu, gilt es auf einmal doppelt so viel, nämlich 12 wechselseitige Beziehungen zu regeln.
Berücksichtigt man in diesem Bestand nur 3 der erwähnten Interaktionen Kontaktliegen, Spiel und Aggression muss jede Katze bereits 18 verschiedene Beziehungen regeln. Mit dem Neuzugang einer einzigen Katze erhöht sich die Zahl dieser sozialen Interaktionen auf 36! Diese vielen Variablen in der sozialen Ordnung von Katzen führen zu einem mehr oder weniger labilen Gleichgewicht, und bereits minimale Einflüsse können das maximale soziale Chaos verursachen.
Mit der grafischen Darstellung (Abb. 3.24) gewinnt man plötzlich Übersicht:

Diagnostische Hinweise:

- Handaufzucht und/oder fehlender Kontakt mit erwachsenen Katzen (fehlende Sozialisation auf die eigene Art): Kitten, die unter 7 Wochen übernommen und/

Abb. 3.23 Aggression gegenüber einer kratzmarkierenden Katze.

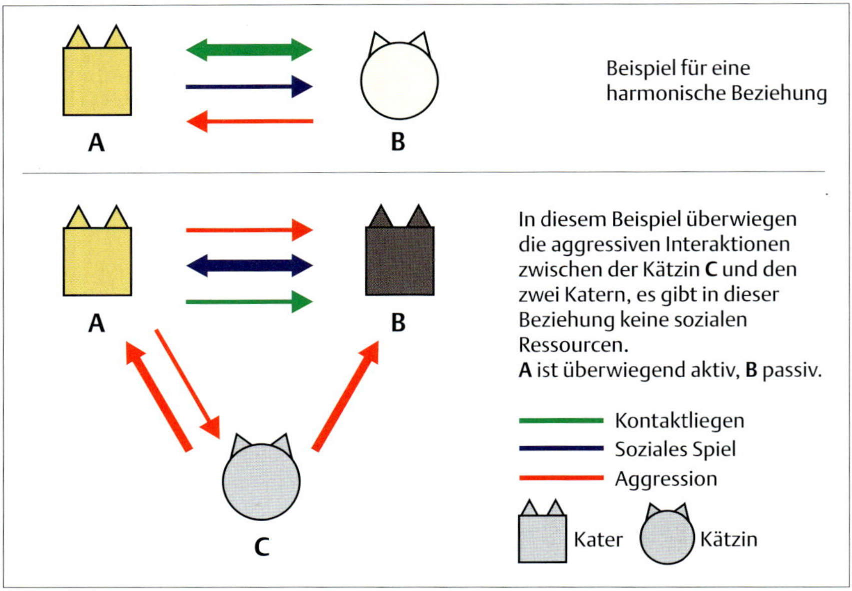

Abb. 3.24 Soziale Beziehungen. Die Pfeilrichtung gibt an, von wem die Initiative ausgeht, mit der Pfeilstärke kann die Intensität oder Häufigkeit eines Verhaltens dargestellt werden.

oder ohne erwachsene Katze handaufgezogen wurden, haben Defizite in der Erziehung (durch die Mutter oder andere erwachsene Katzen) zur emotionalen und motorischen Selbstkontrolle sowie im Sozialverhalten.

- Einzelkitten und/oder fehlender Kontakt mit anderen jungen Katzen (fehlende Sozialisation auf die eigene Art): Einzeln aufgewachsenen Jungkatzen fehlt vielfach die emotionale und motorische Selbstkontrolle und soziale Verhaltensweisen, die sie im Spiel mit den Geschwistern erlernen.

3.17 Ökosoziales System

Die Analyse des ökosozialen Systems sollte ein obligater Bestandteil jeder Verhaltenskonsultation für die Katze sein. Dazu gehört neben dem Wohnungsplan das Anfertigen einer Familienskizze wie in Abb. 3.25.

Die unmittelbaren Bedürfnisse wie Futteraufnahme, Elimination oder Ruheplätze sind bei den jeweiligen Verhaltensbereichen abgehandelt. Hier geht es um einen Überblick über die allgemeinen Lebensbedingungen und die sozialen Beziehungen zum Menschen.

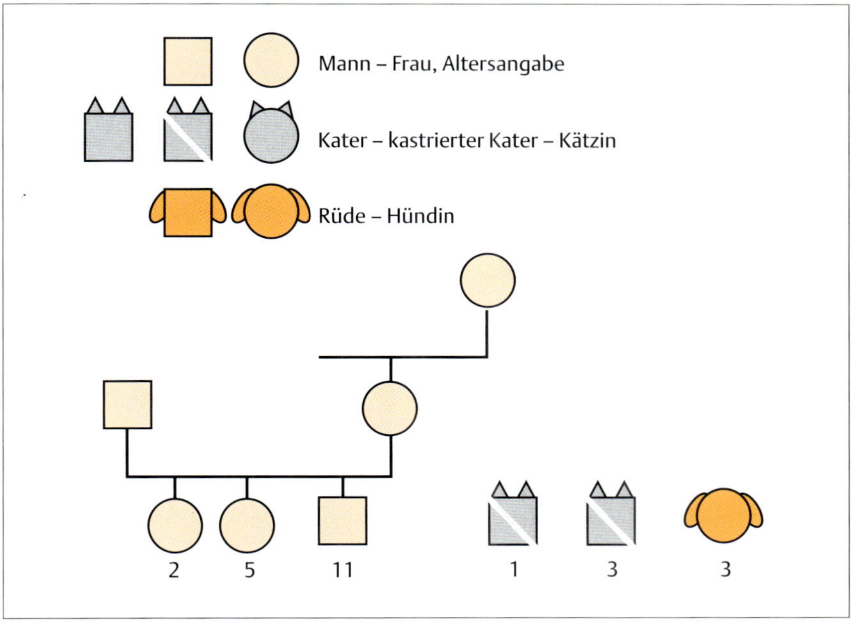

Abb. 3.25 Familienskizze. Symbole für Familienmitglieder. In dieser Familie gibt es einen 11-jährigen Jungen, zwei Mädchen mit 2 und 5 Jahren, die Oma lebt im gleichen Haus in einer eigenen Wohnung. Es leben zwei kastrierte Kater und eine Hündin mit der Familie.

Die Lebensstruktur der Katze könnte man sich als **fünfdimensionales System** vorstellen:

- Drei Dimensionen des Raums.
- Eine vierte Dimension der Zeit.
- Eine fünfte soziale Dimension.

Veränderungen in jedem dieser Bereiche können bei entsprechend disponierten Katzen Auslöser für psychisches Ungleichgewicht sein.
Beispiele sind:

- **Raum:** Veränderungen in der Wohnung, neue Möbel, Tapeten, Übersiedlung, etc.
- **Zeit:** Geänderte Arbeitszeiten, Sommer-Winterzeitumstellung, Wochenende, etc.
- **Sozial:** Scheidung, neue Partner, Geburt eines Babys, Hund, Krankenhausaufenthalt, etc.

Fast alle diese Veränderungen sind irreversibel und fix – Babys oder Partner können nicht ausquartiert, Jobs und neue Wohnungen nicht aufgegeben und alte Möbel nur selten wieder aufgestellt werden, wenn sich die Katze nicht daran gewöhnen kann. Die Gewöhnung und flexible Anpassung an neue Gegebenheiten ist Zeichen physiologischer Verhaltensreaktionen und psychischer Gesundheit. Gibt es auch nach einigen Wochen keine Habituation, so ist diese Situation als pathologisch zu beurteilen.

Neben den irreversiblen Faktoren in der ökosozialen Umwelt gibt es jedoch zahlreiche Variablen und Ressourcen, mit denen die Lebensqualität der Katze sehr verbessert werden kann.
Das Ziel der Analyse des ökosozialen Systems ist es, diese Ressourcen zu entdecken und individuell als ökoethologische Therapien zu optimieren.

4 Der verhaltensmedizinische Untersuchungsgang

Wie in anderen medizinischen Bereichen empfiehlt sich auch in der Verhaltensmedizin das Einhalten eines mehr oder weniger fixen Untersuchungsganges. Mit zunehmender Erfahrung und je nach präsentiertem Problem wird man in der Konsultation individuelle Schwerpunkte setzen und zeitweise von dieser starren Struktur abweichen. Gerade in der Verhaltensmedizin ist die **therapeutische Bindung** an den Tierarzt ein wichtiger, wenn nicht überhaupt der **wichtigste Faktor** für eine erfolgreiche Behandlung, und aus dieser Sicht ist eine flexible und individuelle Untersuchung des präsentierten Problems sehr wünschenswert. Nichtsdestotrotz bleibt der Untersuchungsgang ein sicheres Gerüst, um sich nicht in belanglosem Palaver wiederzufinden oder Wesentliches zu vergessen.

Es ist sehr zu empfehlen, sich selbst ein übersichtliches **Protokollblatt** zu gestalten. Auf diese Weise verinnerlicht man die Anordnung und Struktur der einzelnen Elemente tatsächlich, sodass Informationen, die im Gespräch verstreut auftauchen, sofort an der richtigen Stelle angekreuzt und notiert werden können. Kästchen mit verschiedenen Optionen, die nur angekreuzt werden müssen, ersparen viel Schreibarbeit während der Konsultation. Abkürzungen, Farbcodierungen (zum Beispiel gelbe Punkte für Harnmarkierungen, blaue Rechtecke für Katzenklo, etc.) und Symbole (z. B. vier parallele senkrechte Linien für Kratzmarkierungen, diverse Pfeile) machen die Arbeit mit dem Wohnungsplan (S. 2) oder dem Diagramm sozialer Beziehungen (S. 58) übersichtlich und aktivieren gleichzeitig die rechte Hirnhälfte, mit der kreative, unlogische, aber überraschend effektive Lösungen gefunden werden.

Sind die Daten zum Besitzer, zur Katze, zu Diagnose, Medikation und Therapie sowie zum Verlauf der Behandlung alle auf einen Blick auf der ersten Seite verfügbar, spart man bei telefonischen Anfragen und bei Folgekonsultationen viel Zeit.

Mit diesem Untersuchungsgang werden nicht nur die Symptome, die für die Diagnose einer oder mehrerer Verhaltensstörungen wesentlich sind, erfasst, sondern gleichzeitig auch zahlreiche Elemente, die für das Gesamtbild, den Respekt für die artspezifischen Bedürfnisse der Katze und vor allem als Ressourcen für therapeutische Strategien große Bedeutung haben. Dazu zählen zum Beispiel das Fütterungsmanagement, das Wasserangebot, Möglichkeiten zum Kratzmarkieren, interaktives Spiel oder der Respekt für das Bedürfnis der Katze, die dritte Dimension zu explorieren und zu nützen. In ein ethologisches Reframing oder eine ökoethologische Therapie können alle diese Informationen unmittelbar eingebunden und/oder entsprechend adaptiert werden.

In den **Folgekonsultationen** kann man mit dem Protokollblatt der Erstkonsultation weiterarbeiten. Es werden die beim ersten Mal gefundenen Symptome abgefragt und welche Veränderungen sich ergeben haben. Die neu erhobenen Befunde werden je nach Platz auf dem Protokollblatt oder hinzugefügten Blättern eingetragen. Pläne, Skizzen und eventuelle Rücküberweisungen werden hinten an das Protokollblatt geheftet.

Beispiel für einen verhaltensmedizinischen Untersuchungsgang

Allgemein

Überwiesen von: Protokollnummer:
Datum:

Besitzer

Name: Adresse:
Telefon: Fax: E-Mail:

Katze

Name: Rasse: Geschlecht und Status: m mk w wk
Alter und Geburtsdatum: Gewicht:

Präsentation der Probleme

Motiv(e) für die Konsultation (nach Wichtigkeit geordnet):
Erwartungen des/der Besitzer(s):
Vorbehandlungen (was und mit welchem Effekt):
Warum jetzt:
Was wäre, wenn es keine Lösung gibt:

Auftrag

Ökosoziales System

Familie: Menschen: Tiere:
in der Konsultation anwesend/abwesend: → Familienskizze (Abb. 3.25)

Ökosystem

Wohnung mit/ohne Freilauf: ☐ Katzenklappe
☐ Balkon/Terrasse ☐ Gehege ☐ Spaziergänge
☐ Respekt für die 3D-Bedürfnisse
Wohnfläche: .... m^2 Tabuzonen: relative: absolute:
→ Plan

Entwicklung und Genetik

Herkunft:
☐ Züchter ☐ Tierhandlung ☐ Tierheim ☐ Bauernhof
☐ Familie ☐ Zugelaufen ☐ „Wildkatze" ☐ ....
Alter bei der Übernahme:
Aufzuchtmilieu:
Anwesenheit von: ☐ Katzenmutter ☐ Vater ☐ anderen Katzen
☐ anderen Tieren: .... ☐ Familienmitgliedern: ....
☐ mit Auslauf ☐ ohne Auslauf

Handaufzucht:
mit Anwesenheit anderer Katzen ohne Anwesenheit anderer Katzen

Informationen zur Genetik: beim Vater/Mutter:
Harnmarkieren Wollesaugen Textilien fressen

Sonstiges: ....
Zeitpunkt der Kastration: .... Mon
Selbstkontrolle: normal
Beißkontrolle: teilweise fehlt bei manchen/allen Aktivitäten
Krallenkontrolle: teilweise fehlt bei manchen/allen Aktivitäten

Kognition

Reaktion auf Spiegel (in der Konsultation): ....
Reaktion auf TV: indifferent beobachtet sucht hinter TV
Themen: ....
Objektpersistenz (verstecktes Objekt): ja nein
Besondere Fähigkeiten: Türen öffnen ....

Sinneswahrnehmung

Hören: =/ taub Sehen: =/ ↓ blind
Riechen: =/ ↓ Flehmen: =/ ↓/ ↑

Erziehung

Erziehungstechnik: 0 R+ P+ Disruption
Strafe: Wasserspritze Objekt werfen Schreien
körperliche Strafe: ....

Reaktion der Katze: Flucht Aggression
Effekt: 0 gering + ++
Imitation: ....

Futteraufnahme und Jagd normal/unverändert

Futterzusammensetzung:
trocken Feuchtfutter selbstgekocht

Technik:
Ad libitum Restriktiv: Frequenz: .... /Tag Zeiten: ....
Ort(e): einer mehrere: → Plan

Futteraufnahme:
große Menge 10–20 × /Tag rasch langsam heikel

Anwesenheit des Besitzers im Haus/Zimmer während Nahrungsaufnahme:
obligat verhindert Flucht frisst nur nachts

Appetit:
normal/unverändert Anorexie Hyporexie Hyperphagie

Pica:
☐ Wolle ☐ Baumwolle ☐ andere Textilien ☐ Kunststoffe
☐ Katzenstreu/Erde
☐ Saugverhalten persistiert wo: ....
Jagd: ..../Woche Beutetypen: ....

Trinkverhalten ☐ normal/unverändert

Menge: .... ml (= .... ml/kg)
Frequenz: ..../Tag
☐ normal ☐ Hypodipsie ☐ Pollakidipsie ☐ PU/PD
Ort: ☐ entfernt vom Futterplatz: .... m → Plan ☐ draußen
☐ nicht beobachtet
Rituale: ☐ trinkt nur vom Wasserhahn ☐ ....

Schlaf- und Ruheverhalten ☐ normal/unverändert

Orte: ☐ isoliert/versteckt ☐ Bett ☐ .... → Plan
Dauer: Hypersomnie ☐ > 12h ☐ > 15h ☐ + ... h
Hyposomnie ☐ < 12h
Insomnie/erwacht nachts: wann .... h
Träumen: ☐ abwesend ☐ nicht beobachtet ☐ beobachtet
Zeitpunkt im Schlafzyklus: ....

Komfortverhalten ☐ normal/unverändert

☐ verändert ☐ verändert im Zusammenhang mit Hauterkrankung
Substitutive Aktivität: ☐ lecken ☐ nagen ☐ Trichotillomanie (Haare ausreißen):
Lokalisation: ....
☐ Onychophagie (Nägelbeißen)
☐ Hypogrooming
Hautläsionen: ☐ Erythem ☐ Erosion ☐ Leckgranulom
Alopezie: ☐ umschrieben ☐ ausgedehnt
☐ mit/ohne Haarnachwuchs ☐ Bild:

Sexualität ☐ normal

☐ hypo: .... ☐ hyper: ....
Masturbation: ☐ an Menschen ☐ an Objekten

Elimination ☐ normal/unverändert

Katzenklo:
Anzahl absolut: .... Anzahl/m²: .... Anzahl/Etage: ....
Anzahl/Katze: ....
Typ: ☐ offen ☐ geschlossen
Größe: .... Farbe: .... Form: ....
Standorte: → Plan
Katzenstreu: ☐ klumpend ☐ lose ☐ Marke: ....
Reinigungsfrequenz: ..../Tag ..../Woche ..../Monat
Putzmittel: mit ☐ Chlor ☐ Ammoniak

Unsauberkeit: Harn Kot
Seit wann: .... Tage ....Wochen .... Monate .... Jahre
Frequenz : ..../Tag ..../Woche ..../Monat
Evolution: = ↑ ↓ ~
Orte: → Plan
Bisherige Maßnahmen: Strafen .... Reinigung: ....
Fernhaltespray Abdecken Unzugänglich ....

Harnmarkieren:
Sequenz: komplett instrumentalisiert nicht beobachtet
im Freien: J N nicht beobachtet
Seit wann: .... Tage ....Wochen .... Monate .... Jahre
Frequenz : ..../Tag ..../Woche ..../Monat
Evolution: = ↑ ↓ ~
Orte: → Plan
Bisherige Maßnahmen: Strafen .... Reinigung: ....
Fernhaltespray Abdecken Unzugänglich ....
Middening: markieren mit Kot

Markierverhalten normal/unverändert

Facial: = ↑ ↓ abwesend
Orte: → Plan
Allomarkieren: = ↑ ↓ abwesend
Katzen Menschen andere Tiere
Kratzmarkieren: = ↑ ↓ abwesend
Orte: → Plan
Kratzangebote: adäquat inadäquat
Harnmarkieren: → Elimination

Exploration und Aktivität normal/unverändert

verändert
Inhibition: zu Hause im Freien Konsultation
Körperhaltung:
niedrig: zu Hause im Freien Konsultation
normal: zu Hause im Freien Konsultation
Meideverhalten: häufig
Hypervigilanz: zu Hause im Freien Konsultation
erstarrte Hypervigilanz
Aktivität: normal hypo
Hyperaktivität: On the go Hyperaktivitätsanfälle:
Dämmerung nachts ....
Reaktivität: impulsiv langsam ....
Erster Stopp in der Konsultation: nach .... Min Dauer .... Min
Körperhaltung: ....

Stereotypien und OCSD

☐ Schwanzjagen: ☐ Lecken ☐ Beißen ☐ Läsionen ………
☐ Putzen ☐ Trichotillomanie
☐ Umherwandern
☐ Vokalisieren: ☐ nachts ☐ monotones Rufen
☐ Sonstiges ………

Ängste

☐ abwesend ☐ kühn
Verhalten: ☐ Inhibition ☐ Aggression ☐ Vermeiden ☐ Flucht
Lärm: ☐ Explosionen ☐ Feuerwerk ☐ Schüsse ☐ Gewitter
☐ ………
Menschen: ☐ Kinder ☐ Männer ☐ Fremde ☐ ………
Katzen: ………
Sonstiges: ………

Aggression ☐ unverändert ☐ keine Hinweise

Medikamenteneingabe ☐ möglich ☐ unmöglich
Irritation: ☐ bei Annäherung ☐ Berührung/Streicheln (petting & biting)
☐ bei Fellpflege ☐ ………
Reaktion auf Nackengriff, Fixierung, Manipulation: ………
Angst: Flucht ☐ unmöglich ☐ möglich
Territorial: ☐ Menschen ☐ Katzen
Spiel: ☐ rascher Wechsel von Spiel zu Ernst
Umgerichtet: ☐ Menschen ☐ Katzen ☐ ……… Auslöser: ………
Jagd: ☐ Katzen ☐ Menschen Details: ………
Hyperaggression: ☐ primäre ☐ sekundäre
Körperhaltungen: ……… Mimik: ………
Kontext(e): ………
Vorhersehbarkeit: ☐ ja ☐ gering ☐ nicht
Gefährlichkeit: ☐ hoch ☐ mittel ☐ gering

Stimmung

☐ gut ☐ reizbar ☐ depressiv ☐ ängstlich ☐ hyper ☐ wechselnd
☐ ………

Emotionen

Kommunikation: ☐ introvertiert ☐ extrovertiert ☐ Rolling Skin
Häufiges/dauerndes Schwanzschlagen: ☐ nur Schwanzspitze
☐ ganzer Schwanz ☐ langsam ☐ peitschend
Zeit bis zum Normalzustand nach Stress: ……… min

Soziale Kontakte und Kommunikation; Trennung

Expressiv: ☐ knurrt ☐ faucht
Wenig expressiv: ☐ angespannter Körper ☐ beißt direkt

Katzen

Anzahl der Katzen:

Hypo: versteckt auf der Flucht aggressiv

Hyper: dringt in Isolationsräume anderer Katzen ein

jagt/attackiert andere Katze Auflauern: wo: ....

Kontaktliegen gegenseitig putzen aktiv passiv

→ Diagramm der sozialen Beziehungen (Abb. 3.24)

Spiel: unverändert indifferent Dauer .... h/Tag

Individuell: .... Spielzeugtypen: ....

Sozial mit Katzen: ....

Sozial mit Menschen .... interaktiv Spielzeugtypen: ....

Menschen

Hyper: sucht Kontakt: ja nein klebt am Besitzer

Hypo: versteckt auf der Flucht aggressiv

kein Kontakt

Toleranz gegenüber: Streicheln Hochheben Manipulation

Medikation

Intoleranz (Flucht/Aggression) gegenüber: Streicheln Hochheben

Manipulation Medikation

Trennung

Toleranz

Intoleranz – Bezugswesen: ....

nach welcher Zeit: .... h nachts

Tendenz überallhin zu folgen/Hyperattachment

Schäden: Unsauberkeit Destruktion Vokalisieren

übermäßiges Putzen Harnmarkieren

Abschiedsritual: .... Begrüßungsritual: ....

Klinische Untersuchung, organische Manifestationen

Kardiovaskulär-respiratorisch:

Tachycardie Tachypnoe Hecheln

Gastrointestinaltrakt:

Salivation Erbrechen f: .... /Tag .... /Woche

Diarrhoe Colitis

Harntrakt: FLUTD FIC

Gewicht: normal adipös mager

Haut: Allergie/Atopie Akne

Sonstige: Gingivitis/Stomatitis Sinusitis Asthma

Transpiration an den Pfoten: ↑ =

Diagnose(n)

Medikation

Therapien

Evolution

Datum: ………… ☐ telefonisch ☐ E-Mail ☐ persönlich
☐ gelöst ☐ besser ☐ unverändert ☐ schlechter
Details: …………
Datum: ………… ☐ telefonisch ☐ E-Mail ☐ persönlich
☐ gelöst ☐ besser ☐ unverändert ☐ schlechter
Details: …………

Datum: ………… ☐ telefonisch ☐ E-Mail ☐ persönlich
☐ gelöst ☐ besser ☐ unverändert ☐ schlechter
Details: …………

Ende der Behandlung und Evaluation

Gründe und Umstände:
☐ Übereinkommen ☐ Nicht wiedergekommen ☐ keine Information
☐ abgebrochen nach ………… Visiten
Zufriedenheit Besitzer:
☐ unzufrieden ☐ mäßig ☐ ausreichend ☐ sehr zufrieden
Evaluation Tierarzt:
☐ unzufrieden ☐ mäßig ☐ ausreichend ☐ sehr zufrieden

5 Leitsymptome und lösungsorientiertes Vorgehen in der Praxis

Besitzer stellen die Katze im Allgemeinen mit einem Hauptsymptom vor, das für sie besonders augenfällig oder störend ist.
In der Konsultation empfiehlt sich einerseits ein systematisches Vorgehen, bei dem Schritt für Schritt alle wesentlichen Informationen für Diagnose und Behandlung gesucht werden. Andererseits muss der Besitzer trotzdem immer das Gefühl haben, dass es um seine Anfrage, sein Problem oder das seiner Katze geht, auch wenn die Konsultation in Lebensbereiche abwandert, die scheinbar gar nichts mit seiner Anfrage zu tun haben. Sich eingehend mit den Fressgewohnheiten und dem Putzverhalten der Katze zu befassen, wenn seit Wochen die ganze Wohnung angepinkelt wird, ist für den Besitzer nicht plausibel, und es kann sein, dass er sich nicht ernst genommen fühlt, wodurch die therapeutische Bindung zerbricht.

Die am Anfang in erster Linie didaktischen Prinzipien folgende Struktur wird daher mit zunehmender Erfahrung flexibler werden, einzelne Schritte werden sich selbstverständlich verschieben oder unterschiedlich gewichtet. Der Untersuchungsgang wird insgesamt nicht vernachlässigt, die wesentlichen Informationen und Befunde werden lediglich nicht immer in einer standardisierten fixierten Reihenfolge, sondern – dem Gesprächsverlauf folgend – flexibler erhoben. Wenn sich unlogische Übergänge ergeben, sollten diese begründet werden: *Um mir ein besseres Gesamtbild der psychischen Verfassung von Grisu zu machen, würde ich noch gerne über seine Schlafgewohnheiten sprechen …*

Ein diagnostisches Grundgerüst gilt für jedes präsentierte Symptom:

■ Symptom identifizieren

Als Tierärzte verwenden wir nicht immer das gleiche Vokabular wie unsere Klienten. Vor allen weiteren Schritten sollte daher geklärt werden, worüber man überhaupt spricht.

■ Betroffene Katze identifizieren

Bei Problemen mit Unsauberkeit und Harnmarkieren oder Aggression im Mehrkatzen-Haushalt müssen für eine gezielte Behandlung die betreffende(n) Katze(n) eindeutig identifiziert werden.

Organische Differenzialdiagnosen abklären

Verändertes Verhalten kann psychische oder organische Ursachen haben. Aber: eine organische Erkrankung schließt eine psychische Störung nicht aus und umgekehrt gilt diese Regel genauso. Immer wieder werden uns Patienten zur verhaltensmedizinischen Abklärung überwiesen, die primär organische Erkrankungen haben. Die Suche nach Organerkrankungen bedeutet umgekehrt aber nicht, dass Verhaltensstörungen nur sekundäre Bedeutung haben und erst dann als Ausschlussdiagnose gestellt werden können, wenn sonst nichts zu finden ist.

! Physische und psychische Diagnose können beide in einem aktiven Prozess gesucht werden, sie schließen einander nicht aus, sondern existieren häufig nebeneinander.

Genaue, das heißt qualitative und quantitative, Beschreibung des Leitsymptoms

Je objektiver die Symptomatik beschrieben wird, desto leichter finden sich individuelle Lösungsansätze und Behandlungsstrategien, deren Erfolg dann auch überprüft werden kann. Die Kriterien und Möglichkeiten, mit denen ein Symptom beschrieben und objektiviert werden kann, sind im Kapitel über die allgemeine Propädeutik beschrieben (S. 9).

Weitere Symptome

Psychische Störungen können auf ein einzelnes Symptom begrenzt sein oder als ein komplexes Krankheitsbild mit einem Cluster von weiteren Symptomen auftreten. Obwohl die auf ein Einzelsymptom begrenzte Behandlung zweifelsohne Erfolge bringen kann, wird ein multisymptomatischer Zugang dem Gesamtbefinden der Katze viel eher gerecht.

! Das Ziel ist nicht nur die Behandlung eines einzelnen Symptoms, sondern die Betreuung der Katze als physische und psychische Einheit in und mit ihrem sozialen System.

Bei der Suche nach anderen Symptomen hilft der Untersuchungsgang (S. 61) oder auch die detaillierte Beschreibung der einzelnen Störungen (S. 181) weiter. Die Auswahl von passenden Psychopharmaka wird durch diesen multisymptomatischen Zugang wesentlich vereinfacht (S. 137).

Die folgenden Kapitel sind eine Step-by-Step-Anleitung für die am häufigsten in der Praxis vorgestellten Symptome.

5.1 Harn und/oder Kot außerhalb des Katzenklos

Unsauberkeit ist nach wie vor und mit Abstand das am häufigsten in der Praxis vorgestellte Problem im Zusammenleben mit Katzen. Die Toleranz und das Verständnis der meisten Besitzer gegenüber gelegentlichen Unfällen ist ziemlich – und manchmal sogar überraschend – groß. Aus diesem Grund werden viele Katzen erst vorgestellt, wenn das Problem bereits längere Zeit, Monate oder Jahre, besteht. Nichtsdestotrotz ist die pragmatische Aufarbeitung dieser Fälle oft eine lohnende und vielversprechende Aufgabe.

Wichtig bei der Anamnese:
- Harn und/oder Kot?
- Harnabsatz oder Harnmarkieren?

Harn und/oder Kot?

Die Aussagen von Besitzern sind nicht immer eindeutig und vollständig: *Sie macht überall hin … / Meine Katze geht nicht mehr auf ihr Katzenklo … / Sie pinkelt aufs Bett …* In diesen Fällen muss direkt und wenn nötig in der Sprache des Besitzers nachgefragt werden, ob machen Harn- oder Kotabsatz bedeutet. Aufs Bett pinkeln schließt nicht zwingend aus, dass die Katze auch Kot schon seit Jahren neben dem Katzenklo absetzt, was aber vom Besitzer unter Umständen als nicht so störend wie die nun angepinkelte Bettdecke empfunden wird.

Harnabsatz oder Harnmarkieren?

Für die Unterscheidung, ob Harnabsatz als Eliminationsverhalten oder Harnmarkieren vorliegt, helfen die Kriterien aus Tab. 5.1.

Tab. 5.1 Unterscheidung Harnabsatz und Harnmarkieren.

	Elimination	Markieren
Haltung	hockend	stehend (hockend)
Harnmenge	groß (außer bei Cystitis)	eher gering
Ort	horizontale Oberflächen	vertikale Oberflächen (horizontale Oberflächen mit sozialer Bedeutung)
Scharren	meistens	sehr selten
Katzenklo	wird nicht oder nur mehr selten benützt, oder nur entweder für Kot oder für Harn	wird regelmäßig für Harnabsatz benützt

Wenn der Besitzer die Verhaltenssequenzen (S. 32 und S. 42) beobachten und beschreiben kann, ist die Unterscheidung einfach. Schwieriger können jene Situationen sein, wo die Katze nie beobachtet wurde und sich die Unterscheidungskriterien überschneiden: hockendes Markieren (aber mit zitterndem Schwanz) mit größerer Harnmenge. In diesen Fällen kann die soziale Bedeutung der Lokalisation entscheidend für die Beurteilung sein. Stellen, an denen wahrscheinlich Pheromone oder andere intensive Gerüche vorhanden sind wie Sitzplätze, Kopfpolster, getragene Wäsche etc. sind eher unter Harnmarkieren einzustufen.

In komplexen Fällen sind Kombinationen von Unsauberkeit von Kot und/oder Harn und/oder Harnmarkieren möglich.

Nach Identifizierung der Sequenz siehe weiter unter:
→ Unsauberkeit
→ Harnmarkieren (S. 77)

Unsauberkeit

Wichtig bei der Anamnese:

- Welche Katzen sind beteiligt?
- Organische Differenzialdiagnosen abklären.
- Genaue Beschreibung des Symptoms.
- Ökosoziales System verändert?
- Respekt für die ethologischen Bedürfnisse der Katze?
- Bisherige Maßnahmen?
- Weitere Verhaltenssymptome?

Welche Katze(n) ist/sind beteiligt?

Im Mehrkatzen-Haushalt ist diese Frage unbedingt abzuklären – die vom Besitzer beschuldigte Katze kann, aber muss nicht die tatsächliche oder einzige Beteiligte sein. Manchmal beruhen die Angaben auch nur auf den Vermutungen des Besitzers, ohne dass er die betreffende Katze tatsächlich beobachtet hat. Wird eine Katze direkt beobachtet, ist das ein Beweis für ihre Schuld aber kein Beweis für die Unschuld der anderen Katzen!
Wenn keine der Katzen direkt beobachtet werden kann, gibt es mehrere Identifikationsmöglichkeiten, die jedoch allesamt ihre Schwächen haben.

- Zeitweiliges Wegsperren jeweils einer Katze nach der anderen aus dem verunreinigten Bereich.
  Bleibt dieser ab sofort sauber, kann man daraus schließen, dass die weggesperrte Katze Verursacher war.
  Vorteil: Einfach in der Durchführung.
  Nachteil: Räumliche Anforderungen; Veränderung der sozialen Struktur, wodurch die Symptomatik aller Katzen beeinflusst wird; nicht geeignet bei gelegentlichem Auftreten von Unsauberkeit.
- Harn mit Fluorescin anfärben. Fluorescin kann oral (0,3 ml oder 6 abgeschnittene Teststreifen aus der Ophthalmologie in einer Gelatinekapsel) verabreicht werden und lässt den Katzenharn unter UV-Licht für ungefähr 24 Stunden leuchtend grün

fluoreszieren. Bei manchen Katzen kann die Gelbverfärbung des Harns durch Fluorescin auch mit freiem Auge ausgemacht werden.
Vorteil: Einfache und relativ eindeutige Methode.
Nachteil: UV-Licht zur Beurteilung erforderlich; auch unbehandelter Katzenharn fluoresziert, aber nicht so intensiv; Besitzer muss auf die schwer zu entfernenden gelben Flecken hingewiesen werden; keine lineare Dosis-Effekt-Beziehung.

- Kot kann sehr leicht mit geraspelter ungiftiger Ölkreide oder Lebensmittelfarben (Rote-Beete-Pulver) im Futter markiert werden.
  Vorteil: Sehr einfach; mehrere Katzen können farbcodiert werden.
  Nachteil: Etwas aufwändiger bei ausschließlicher Trockenfütterung.
- Videoüberwachung.
  Vorteil: Die gesamte Verhaltenssequenz kann beobachtet werden.
  Nachteil: Technisch aufwändig, räumlich begrenzt.
- Mit einiger Erfahrung kann in manchen Fällen aufgrund der übrigen Verhaltenssymptomatik mit hoher Wahrscheinlichkeit die unsaubere Katze erkannt werden.

Organische Differenzialdiagnosen abklären

Verhaltenssymptome können ihren Ursprung in psychischen wie auch organischen Erkrankungen haben, die sich wiederum häufig gegenseitig beeinflussen.

- **FLUTD/FIC** führen fast immer zu verändertem Ausscheidungsverhalten. Die Schmerzphasen sind manchmal nur kurz und heftig, eine Harnanalyse am nächsten Tag ist möglicherweise wieder unauffällig. Wiederholte Harnuntersuchungen sind neben der weiteren medizinischen Abklärung mit Ultraschall für solche Verdachtsfälle empfehlenswert.
  Katzen, die aufgrund von FLUTD/FIC unsauber sind, setzen in kurzen Abständen sehr kleine Harnmengen ab und tendieren aufgrund des Schmerzes dazu, die Plätze sehr häufig zu wechseln.
  Bei der FIC handelt es sich nach der aktuellen Hypothese um eine neurogene Entzündung in der Submukosa der Blase, für deren Genese chronische Stressfaktoren von wesentlicher Bedeutung sind. Die FIC ist demnach eine wirkliche psychosomatische Erkrankung der Katze, und bei der Behandlung sollte weder die organische noch die psychische Störung vernachlässigt werden, sondern beide Behandlungsansätze kombiniert werden.

Häufigere **organische Erkrankungen,** die Ursache für Unsauberkeit sein können:

- **ZNS-Erkrankungen:**
  - FIV.
  - FeLV.
  - FIP.
  - Toxoplasmose.
  - Angeborene Defekte (Hydrozephalus).
  - Folgen von Schädel-Hirn-Traumen.
  - Gehirntumoren (Meningeom, Lymphosarkom).

- Störungen, die mit **Polydipsie/Polyurie** einhergehen:
  - Diabetes.
  - Nierenerkrankungen.
- Gastrointestinale Erkrankungen:
  - Durchfall jeglicher Ursache.
  - Kolitis.
  - Lymphosarkome.
- Sinnesorgane:
  - Plötzliche Blindheit (z. B. Netzhautablösung).
  - Fehlender Geruchssinn (z. B. chronischer Katzenschnupfen, Unfallfolge).
- Sonstige Erkrankungen:
  - Hyperthyreose.
  - Portosystemischer Shunt.
  - Degenerative Gelenkerkrankungen.
  - **Alle schmerzhaften Erkrankungen.**

Genaue Beschreibung des Symptoms

Mit der detaillierten Beschreibung des Symptoms kann man die wichtigsten Gründe für Unsauberkeit und auch schon Lösungsansätze erfassen:

- **Wo?** Plan zeichnen mit allen Stellen, die von der Katze als Ausscheidungsort benützt werden. Zeitliche Entwicklung mit Zahlen markieren. Jeder einzelne Ort wird bezüglich seiner Lage und Oberfläche genau beschrieben.
  - **Ortspräferenz:** Die Katze bevorzugt systematisch einen anderen (sicheren, sauberen) Ort zur Elimination gegenüber dem vom Besitzer angebotenen Katzenklo. Katzen bevorzugen in der Regel Orte, die ihnen Übersicht nach vorne und Rückendeckung bieten.
  - **Materialpräferenz:** Die Katze bevorzugt systematisch ein anderes (weiches, sauberes) Material oder eine bestimmte Oberfläche gegenüber der vom Besitzer im Katzenklo angebotenen Streu.
    In den meisten Fällen haben Katzen eine erkennbare Vorliebe entweder für textile Materialien oder glatten Untergrund.
  - Aversion: die Katze verweigert bestimmte Orte oder Oberflächen, mit denen sie unangenehme Erfahrungen assoziiert (z. B. unangenehmer Geruch, nur ein Fluchtweg [Mehrkatzen-, Hunde-, Kinderhaushalt!], Strafe durch den Besitzer, Schmerz).

  Beide Präferenzen für einen bestimmten Ort oder ein bestimmtes Material können miteinander und mit Aversion gegen einen bestimmten Ort oder ein bestimmtes Material kombiniert sein.
  Wenn die Katze völlig ohne (erkennbares) System unsauber ist, liegt der Verdacht auf eine organische Störung nahe.
  Bei Bestrafung verschwindet ein anfänglich vorherrschendes System mit der Zeit.
- **Wie häufig?** Zur Kontrolle therapeutischer Maßnahmen ist es unbedingt erforderlich, die Frequenz der Unsauberkeit festzustellen! Falls der Besitzer keine

Angaben liefern kann, ist die erste Behandlungsstrategie eine kognitive Therapie: Beobachtung und Aufzeichnungen führen.
- **Wann?** Zeitliche Schwerpunkte der Unsauberkeit im Tages- oder Wochenablauf oder zeitliche Zusammenhänge mit bestimmten Ereignissen können ein Hinweis auf eventuelle Auslöser und Angststörungen sein.

Ökosoziales System verändert?

Selbst geringfügige Veränderungen im ökosozialen System können Angststörungen und damit Unsauberkeit auslösen.
- Räumliche Struktur.
- Zeitliche Struktur.
- Soziale Struktur:
  - Menschen.
  - Katzen.
  - Andere Tiere.

Respekt für die ethologischen Bedürfnisse der Katze?

Das aktuell angebotene Katzenklo nach folgenden Kriterien überprüfen (S. 33 + S. 146):
- Anzahl und Verteilung.
- Standort und Zugangswege beschreiben.
- Größe und Art des Katzenklos.
- Art und Menge der Streu.
- Reinigung: Frequenz, Reinigungsmittel.

Welche bisherigen Maßnahmen?

Die vom Besitzer bereits durchgeführten Maßnahmen und vor allem deren Effekte erfragen.
Besonderes Augenmerk gilt:
- Reinigung: Mit parfümierten, ammoniak- oder chlorhaltigen Reinigungsmitteln behandelte Stellen können das Problem verschlimmern.
- Strafen: Sie führen häufig dazu, dass ursprüngliche Material- oder Ortspräferenzen verschwinden und die Katze wahllos unsauber ist (DD: ZNS-Erkrankungen beginnen sofort mit regelloser Unsauberkeit). Strafen beeinträchtigen zusätzlich die soziale Beziehung zum Besitzer, wodurch eine weitere Säule in der ökosozialen Lebensstruktur (ökosoziales System, S. 58) der Katze ins Wanken gerät.
- Wechsel von Katzenstreumarken: Erste Ansätze, die Umstände zu optimieren, werden oft nicht konsequent oder systematisch genug durchgeführt.
- Veränderte Standorte: Vielfach Lösungsansätze, die man unterstützen und fördern kann.
- Repellanzien: Sind nur selten effektiv, oft kontraproduktiv. In Einzelfällen wird auch Feliway®-Spray unsinnigerweise als Repellents eingesetzt.

Weitere Verhaltenssymptome?

Dem Untersuchungsgang folgend werden die weiteren Verhaltensbereiche erfasst und Symptome registriert.
Unsauberkeit kann

- als Einzelsymptom bei einer psychisch gesunden Katze aufgrund unakzeptabler Angebote auftreten. Diese Katzen sind ihren eigenen Regeln und ethologischen Ansprüchen entsprechend „sauber".
- Symptom einer psychischen Störung sein, die mit anderen Verhaltenssymptomen einhergeht.

Mögliche Diagnosen

Unsauberkeit kann ein Symptom der folgenden psychischen Störungen sein:

- Deprivationssyndrom (S. 183).
- Generalisierte Angststörung (S. 185).
- Angststörung aufgrund von Deritualisation (S. 186).
- Angststörung bei zusammenlebenden Katzen (S. 188).
- Hyperaktivitätsstörung (S. 181).
- Abhängige Persönlichkeitsstörung (S. 197).
- Depressive Störung (S. 191).
- Senile Demenz – kognitive Dysfunktion (S. 195).

Therapeutische Strategien

Therapeutische Strategien werden an die individuellen Möglichkeiten und Bedürfnisse des Besitzers und der Katze angepasst:

- Pheromontherapie (S. 142):
  - Feliway® Diffuseur
- Ökoethologische Therapien (S. 145):
  Das therapeutische Prinzip ist einfach: Die Ansprüche der Katze mit den Ansprüchen des Besitzers wieder in Übereinstimmung bringen.
  - Korrekte Reinigung verunreinigter Stellen.
  - Katzenklo den Bedürfnissen der Katze entsprechend optimieren:
    - Sauberkeit!
    - Anzahl!
    - Standorte!
    - Größe und Typ.
    - Katzenstreu.
  - Verunreinigte Stellen unzugänglich machen.
  - Verunreinigte Stellen abdecken.
  - Raumrestriktion.
  - Käfighaltung bei Katzen, die Sauberkeit verlernt oder noch nie gelernt haben.
- Kognitive Therapie und ethologisches Reframing (S. 157):
  - im Gespräch mit dem Besitzer:

Ihre Katze ist sauber, sie kann nur Ihre Angebote oder Forderungen nicht akzeptieren.
Mit Beobachtung und Aufzeichnung beauftragen.
  - Katze:
    Eliminationsstellen andere Bedeutung geben.
- Verhaltenstherapien (S. 160):

Wenn Auslöser und Konsequenzen genau erkannt sind, können diese modifiziert oder therapeutisch genutzt werden:
  - Habituation.
  - Systematische Desensibilisierung.
  - Gegenkonditionierung.
- Umplatzierung (S. 179).
- Euthanasie (S. 180).
- **Psychopharmaka:**
  Medikamente sind für die Behandlung managementbedingter Unsauberkeit im Allgemeinen nicht erforderlich.
  Ist die Unsauberkeit Symptom einer psychischen oder psychosomatischen Störung ist die Medikation eine sinnvolle Maßnahme (S. 137).

Harnmarkieren

Wichtig bei der Anamnese:
- Welche Katzen sind beteiligt?
- Organische Differenzialdiagnosen abklären.
- Genaue Beschreibung des Symptoms.
- Ökosoziales System verändert?
- Respekt für die ethologischen Bedürfnisse der Katze?
- Bisherige Maßnahmen?
- Weitere Verhaltenssymptome?

Nach Ausschluss des Symptoms „Harnabsatz" (Tab. 5.1, S. 71) gelten zu Beginn die gleichen Schritte zur Abklärung des Symptoms Harnmarkieren:

Welche Katze(n) ist/sind beteiligt? (S. 72)

Organische Differenzialdiagnosen abklären

Insbesondere Harnwegserkrankungen können auch Ursache für vermehrtes Harnmarkieren sein.
- **FLUTD/FIC**
- **ZNS-Erkrankungen:**
  - FIV.
  - FeLV.

  - FIP.
  - Toxoplasmose.
  - Angeborene Defekte (Hydrozephalus).
  - Folgen von Schädel-Hirn-Traumen.
  - Gehirntumoren (Meningeom, Lymphosarkom).
  - Senile Demenz – kognitive Dysfunktion.
- Störungen, die mit Polydipsie/Polyurie einhergehen:
  - Diabetes.
  - Nierenerkrankungen.
  - Schmerzhafte Erkrankungen.

Genaue Beschreibung des Symptoms

- Verhaltenssequenz beschreiben (S. 42):
  - Vollständig
  - Instrumentalisiert
  - Nicht beobachtet
- **Wo?** Plan zeichnen mit allen Stellen, die von der Katze markiert werden. Zeitliche Entwicklung mit Zahlen kennzeichnen.
  Typischerweise markierte Stellen:
  - Fenster, Türen, Fenster- und Türrahmen und angrenzende Wände.
  - Zimmerecken.
  - Steckdosen und ähnliche Spots.
  - Küchen- und andere Elektrogeräte.
  - Kopfpolster, getragene Wäsche, Hundedecken und andere Orte, die Pheromone tragen können.
  - Neue oder selten auftauchende Objekte.
  - Intensiv riechende Objekte.
  - Menschen.
- **Wie häufig?** Zur Kontrolle therapeutischer Maßnahmen ist es unbedingt erforderlich, die aktuelle Frequenz des Harnmarkierens festzustellen, da sich ein physiologisches Verhalten nicht in allen Fällen auf null reduzieren lässt!
- **Wann?** Zeitliche Schwerpunkte des Harnmarkierens im Tages- oder Wochenablauf, saisonale Schwankungen oder zeitliche Zusammenhänge mit bestimmten Ereignissen können ein Hinweis auf eventuelle Auslöser und Angststörungen sein.

Ökosoziales System?

Selbst geringfügige Veränderungen im ökosozialen System und besonders in den Beziehungen zwischen den Katzen können Konflikte oder Angststörungen auslösen und zu Harnmarkieren führen.

- Räumliche Struktur.
- Zeitliche Struktur.
- Soziale Struktur:
  - Menschen.

- **Katzen.**
- Andere Tiere.

Respekt für die ethologischen Bedürfnisse der Katze?

Obwohl Harnmarkieren kein Ausscheidungs- sondern Kommunikationsverhalten ist, beeinflussen vor allem im Mehrkatzen-Haushalt die angebotenen Bedingungen am Katzenklo als wesentliche Ressource für Lebensqualität dieses Symptom beträchtlich. Daher empfiehlt sich die gleiche Bestandsaufnahme wie beim Leitsymptom Unsauberkeit (S. 32, S. 146):

- Anzahl und Verteilung.
- Standort und Zugangswege beschreiben.
- Größe und Art des Katzenklos.
- Art und Menge der Streu.
- Reinigung: Frequenz, Reinigungsmittel.

Welche bisherigen Maßnahmen?

Die vom Besitzer bereits durchgeführten Maßnahmen und vor allem deren Effekte erfragen.

Besonderes Augenmerk gilt:

- Reinigung: Mit parfümierten, ammoniak- oder chlorhaltigen Reinigungsmitteln behandelte Stellen können das Problem erheblich verschlimmern.
- Strafen: Sie führen häufig dazu, dass die Katzen nur mehr in Abwesenheit der Besitzer markieren und sich die Verhaltenssequenz in Richtung Instrumentalisierung verändert. Strafen beeinträchtigen zusätzlich die soziale Beziehung zum Besitzer, wodurch eine weitere Säule in der ökosozialen Lebensstruktur (ökosoziales System, S. 58) der Katze ins Wanken gerät.
- Repellanzien: Sind nur selten effektiv, oft kontraproduktiv.
- Feliway® Spray: Wird sehr häufig falsch, in Anwesenheit der Katze oder als Repellents, eingesetzt. Feliway® Spray kann dadurch in Einzelfällen zum Trigger für Harnmarkieren werden.

Weitere Verhaltenssymptome?

Dem Untersuchungsgang folgend werden die weiteren Verhaltensbereiche erfasst und Symptome registriert.

Harnmarkieren kann

- als Einzelsymptom bei einer psychisch gesunden Katze gelegentlich oder phasenweise als **reaktives Harnmarkieren** auftreten.
- Symptom einer psychischen Störung sein, die mit anderen Verhaltenssymptomen einhergeht.
- **instrumentalisiertes Harnmarkieren** sein.

Mögliche Diagnosen

Im Rahmen der folgenden psychischen Störungen kann Harnmarkieren auftreten :

- Deprivationssyndrom (S. 183).
- Generalisierte Angststörung (S. 185).
- Angststörung aufgrund von Deritualisation (S. 186).
- Angststörung bei zusammenlebenden Katzen (S. 188).
- Hyperaktivitätsstörung (S. 181).
- Senile Demenz – kognitive Dysfunktion (S. 195).

Therapeutische Strategien

Therapeutische Strategien werden an die individuellen Möglichkeiten und Bedürfnisse des Besitzers und der Katze angepasst:

- Pheromontherapie (S. 142):
  - Feliway® Spray.
  - Feliway® Diffuseur.
- Ökoethologische Therapien (S. 145):
  - Korrekte Reinigung.
  - Katzenklo optimieren.
  - Raumrestriktion.
  - Reduktion oder Trennung des Katzenbestandes.
  - Kontakte mit fremden Katzen reduzieren.
  - Markierte Stellen unzugänglich machen.
  - Markierte Stellen legalisieren.
- Kognitive Therapie und Reframing (S. 157):
  - im Gespräch mit dem Besitzer
    Harnmarkieren ist normales Ausdrucks- und Konfliktlösungsverhalten von Katzen.
    Auftrag zur Beobachtung und Aufzeichnung.
  - Katze:
    Markierten Stellen andere Bedeutung geben: Futterplatz, Spielplatz für interaktives Spiel.
- Verhaltenstherapien (S. 160):
  Wenn Auslöser und Konsequenzen genau erkannt sind, können diese modifiziert werden:
  - Habituation.
  - Systematische Desensibilisierung.
  - Gegenkonditionierung.
- Freilauf- oder Gehegehaltung.
- Umplatzierung (S. 179).
- Chirurgische Maßnahmen (S. 175): Kastration.
- Euthanasie (S. 180).
- **Psychopharmaka:**
  Reaktives Harnmarkieren ist zwar physiologisches Verhalten, wird aber vom Besitzer aufgrund der damit verbundenen Schäden an der Einrichtung dennoch als

sehr störend bzw. untolerierbar empfunden und kann daher für die Katze lebensbedrohend werden.
Wenn Harnmarkieren als Symptom einer psychischen Störung oder als instrumentalisiertes Harnmarkieren auftritt, ist die Medikation der beste Weg befriedigende und rasche Besserungen zu erreichen (S. 137).

5.2 Angst

Angststörungen sind die häufigsten psychischen Erkrankungen der Katze. Diese Störungen werden jedoch vom Katzenbesitzer gemeinhin als „normales Katzenverhalten" und, wenn für ihn keine Schäden damit verbunden sind, nur wenig problematisch empfunden. Aus diesem Grund werden Angststörungen nicht so oft in der Praxis präsentiert, wie es ihrer Häufigkeit entsprechen würde.

Phobie oder Angstzustand?

- **Phobie:** Die Katze hat Angst vor einem oder mehreren spezifischen und identifizierbaren Stimuli, die a priori nicht gefährlich sind.
  Die Symptomatik ist zeitlich begrenzt durch defensive Verhaltensweisen wie Flucht, Vermeidung, Angriff oder Inhibition sowie neurovegetative Symptome charakterisiert.
- **Angstzustand:** Die Katze befindet sich in einem andauernden emotionalen Zustand, der sich durch Verhaltensweisen der Angst zeigt, die durch nichtspezifische und nicht eindeutig identifizierbare, wechselnde Stimuli und bereits durch Antizipation ausgelöst werden. Chronische Angstzustände sind mit weiteren Symptomen wie Hypervigilanz und substitutiven Aktivitäten kombiniert.

Gibt es identifizierbare Auslöser?
Ja → Phobie
Nein → Angstzustand (S. 85)

Phobie

Wichtig bei der Anamnese:

- Organische Differenzialdiagnosen abklären.
- Genaue Beschreibung des Symptoms.
- Entwicklung der Katze.
- Weitere Verhaltenssymptome?

Organische Differenzialdiagnosen abklären

- **Alle schmerzhaften Erkrankungen**
  - chronisch: degenerative Gelenkerkrankungen, Gingivitis, Tumoren.
  - akut: Traumen, gastrointestinale Störungen, FLUTD/FIC.

- Taubheit.
- Eingeschränkte Sehfähigkeit oder Blindheit.
- Allergien.
- ZNS-Erkrankungen (FIV, FeLV, FIP, Toxoplasmose, Verletzungen, Tumoren).
- Portosystemischer Shunt.
- Hyperthyreose.
- Psychotrope Medikation und Anästhetika (Ketamin).

Genaue Beschreibung des Symptoms

- **Körperhaltung:** Beschreibung der Körperhaltung, Ohren, Mimik, Fortbewegung, Lautäußerungen. Die Körperhaltung gibt Aufschluss über den emotionalen Zustand der Katze (S. 38).
- **Neurovegetative Symptome:**
  Das Ausmaß der neurovegetativen Symptome kann als Hinweis für den subjektiven Leidensdruck der Katze angesehen werden.
  - Transpiration.
  - Salivation.
  - Tachykardie.
  - Tachypnoe.
  - Hecheln.
  - Mydriasis.
  - Harn- und/oder Kotabsatz.
  - Entleeren der Analbeutel.
- **Strategie:** Katzen wählen je nach Persönlichkeit und Erfahrung unterschiedliche Strategien in Angstsituationen. Gibt es Variationen je nach Kontext oder immer die gleiche Reaktion?
  - Flucht.
  - Inhibition.
  - Aggression.
- **Auslöser:** Je genauer die Auslöser der Phobie definiert werden, desto leichter ist eine therapeutische Strategie zu planen.
  - Geräusche.
  - Gerüche (selten oder zumindest nicht erfassbar).
  - Objekte (Staubsauger, Transportbox etc.).
  - Menschen (bekannte, fremde, Männer, Kinder etc.).
  - Katzen (innerhalb der Gruppe, außerhalb der Gruppe).
  - Andere Tiere (Hunde, Insekten).
  - Situationen (Fellpflege, Transport, Tierarzt etc.).
- **Frequenz:** Wie häufig oder in welchen Abständen tritt diese Symptomatik auf? Je seltener eine Phobie auftritt und je eher die Situation zu vermeiden ist, desto geringer ist die Motivation des Besitzers für eine Behandlung.
- **Dauer:** Wie lange braucht die Katze, um wieder in einen emotional ausgeglichenen Zustand zu kommen, nachdem sie einem angstauslösenden Reiz ausgesetzt war (S. 53)?

- **Evolution im Lauf der Zeit:** Das Symptom ist
  - stabil.
  - durch Antizipation, Sensibilisierung und Generalisierung auf andere Reize und Situationen progressiv (Angstzustand, S. 85).
  - erst im Alter aufgetaucht (kognitive Dysfunktion, S. 195).

Entwicklung der Katze

Für die Prognose von Angststörungen können die Entwicklungsbedingungen der Katze entscheidend sein.
Gibt es in der individuellen Ontogenese der Katze Hinweise (S. 19):
- Sozial und/oder sensorisch deprivierte Aufzucht vor der 7. Lebenswoche → schlechtere Prognose.
- Traumatisches Erlebnis → bessere Prognose.

Weitere Verhaltenssymptome?

Dem Untersuchungsgang folgend werden die weiteren Verhaltensbereiche erfasst und Symptome registriert.
Phobien können einzeln oder kombiniert, beziehungsweise als Symptom im Rahmen von komplexen Angststörungen auftreten. In diesem Fall gibt es immer weitere Verhaltenssymptome:
- Unsauberkeit.
- Harnmarkieren.
- Kratzmarkieren.
- Defensive Aggression.
- Psychogene Alopezie.
- FIC.
- Etc.

Mögliche Diagnosen

An folgende psychische Störungen sollte beim Leitsymptom Phobie vor allem gedacht werden:
- Einfache Phobie (S. 184).
- Multiple Phobien (S. 185).
- Deprivationssyndrom (S. 183).
- Generalisierte Angststörung (S. 185).
- Angststörung aufgrund von Deritualisation (S. 186).
- Angststörung bei zusammenlebenden Katzen (S. 188).
- Hyperaktivitätsstörung (S. 181).
- Senile Demenz – kognitive Dysfunktion (S. 195).

Therapeutische Strategien

Therapeutische Strategien werden an die individuellen Möglichkeiten und Bedürfnisse des Besitzers und der Katze angepasst:

- Pheromontherapie (S. 142):
  - Feliway® Spray.
  - Feliway® Diffuseur.
  - Felifriend® Spray.
- Ökoethologische Therapien (S. 145):
  - Rückzugszonen schaffen.
  - Raumrestriktion.
- Ethologisches Reframing (S. 157) im Gespräch mit dem Besitzer:
  - *Katzen sind zwar prädisponiert für Angststörungen, aber ein dauernder Angstzustand mit neurovegetativen und sekundären organischen Symptomen verursacht einen enormen Leidensdruck.*
  - *Katzen, die aus einer reizarmen/natürlichen/nicht förderlichen Entwicklungsumwelt/Bauernhof/ohne Menschenkontakt/etc. stammen, haben in ihrem Gehirncomputer einen zu kleinen Arbeitsspeicher, um anspruchsvolle Spiele (= Ihr Familienleben) auf dieser Hardware zu spielen.*
- Verhaltenstherapien (S. 160):
  Wenn Auslöser und Konsequenzen genau erkannt sind, können diese modifiziert werden:
  - Habituation.
  - Systematische Desensibilisierung.
  - Gegenkonditionierung.
  - (Kontrollierte Reizüberflutung).
- Spieltherapie (S. 171).
- Umplatzierung (S. 179).
- **Psychopharmaka:**
  Zeitlich begrenzte und durch den Besitzer vermeidbare Angstsituationen werden nur selten in der Konsultation vorgestellt. Es besteht die Möglichkeit
  - der kurzfristigen anlassspezifischen Therapie bei Transporten, Silvester, Tierarztbesuchen, etc.
  - eine emotional stabile Basis (größerer Arbeitsspeicher) für langfristige Interventionen wie eine systematische Desensibilisierung und/oder Gegenkonditionierung zu schaffen (S. 137).

Angstzustand

Ein andauernder Angstzustand bei der Katze wird vom Besitzer nur selten als Anlass für eine verhaltensmedizinische Konsultation genommen. Die Angstsymptomatik wird einerseits als normal und katzentypisch angesehen oder die Katze einfach mit „sie spinnt eben“ eingestuft.

Es gibt unzählige Katzen, die ein elendes Leben in dauernder Angst unter oder auf dem Kasten verbringen und nur nachts zum Futter kommen, weil sie keine auffälligeren Symptome, die den Besitzer stören, präsentieren oder weil dieser nicht weiß, dass es Behandlungsmöglichkeiten gibt.

Meistens sind erst die sekundären organischen Symptome oder Schaden verursachende Verhaltensweisen wie Unsauberkeit, Alopezie, FIC, Kratzmarkieren oder defensive Aggression Gründe die Katze untersuchen zu lassen.

Eine Angststörung ist kein einzelnes Symptom mehr, sondern bereits ein pathologischer Zustand mit mehreren Symptomen.

Wichtig bei der Anamnese:
- Organische Differenzialdiagnosen abklären.
- Genaue Beschreibung der Symptome.
- Ökosoziales System verändert?

Organische Differenzialdiagnosen abklären

Die bei der Phobie erwähnten organischen Erkrankungen (S. 81) können auch chronische Angstzustände auslösen.

Genaue Beschreibung der Verhaltenssymptome

Um eine Besserung des Zustandes bei einer Therapie beurteilen zu können, sollten zusätzlich zum präsentierten Leitsymptom möglichst viele Symptome in qualitativer und quantitativer Hinsicht erfasst werden. Angstzustände stehen als Störung der Stimmungslage in der Hierarchie der psychobiologischen Elemente sehr hoch oben und beeinflussen daher das Leben der Katze in allen Bereichen sehr intensiv.

- **Körperhaltung:**
  Beschreibung der vorherrschenden Körperhaltung, Ohrenstellung, Mimik, Fortbewegung, Lautäußerungen (S. 37).
- **Neurovegetative Symptome:**
  Das Ausmaß der neurovegetativen Symptome kann als Hinweis für den subjektiven Leidensdruck der Katze angesehen werden.
  - Transpiration.
  - Salivation.
  - Tachycardie.
  - Tachypnoe.
  - Hecheln.

  - Mydriasis.
  - Harn- und/oder Kotabsatz.
  - Entleeren der Analbeutel.
- **Sekundäre organische Symptome:**
  - Erbrechen.
  - Kolitis.
  - FIC.
  - Lokalisierte oder flächige Alopezie.
  - Adipositas.
- **Substitutive Aktivitäten:**
  - Fressen.
  - Übermäßiges Putzen.
  - Herumwandern.
  - Vokalisieren.
- **Frequenz:** Wie häufig oder in welchen Abständen tritt diese Symptomatik auf?
- **Evolution im Lauf der Zeit:**
  Die Symptome sind
  - stabil.
  - durch Antizipation, Sensibilisierung und Generalisierung progressiv.
  - erst im Alter aufgetreten.

Ökosoziales System verändert?

Selbst geringfügige Veränderungen im ökosozialen System können bei entsprechend disponierten Katzen zu Angststörungen führen:

- Räumliche Struktur.
- Zeitliche Struktur.
- Soziale Struktur:
  - Menschen.
  - Katzen.
  - Andere Tiere.
- Haltungsbedingungen:
  - Reine Wohnungshaltung?

Mögliche Diagnosen

Bei Veränderungen im ökosozialen System:
- Angststörung aufgrund von Deritualisation (S. 186)
- Angststörung bei zusammenlebenden Katzen (S. 188)

Bei ausschließlicher Wohnungshaltung:
- Angststörung aufgrund restriktiver Lebensbedingungen (S. 187)

Therapeutische Strategien

Therapeutische Strategien werden an die individuellen Möglichkeiten und Bedürfnisse des Besitzers und der Katze angepasst:

- Pheromontherapie (S. 142):
  - Feliway® Diffuseur.
  - Feliway® Spray.
- Ökoethologische Therapien (S. 145):
  - Rückzugszonen schaffen.
  - Raumrestriktion.
- Ethologisches Reframing (S. 157).
- Verhaltenstherapien (S. 160): Habituation.
- Spieltherapie (S. 171).
- Freilauf- oder Gehegehaltung.
- Umplatzierung (S. 179).
- **Psychopharmaka:**
  Psychopharmaka sind ein grundlegender und wichtiger Bestandteil bei der Behandlung von Angststörungen.
  Chronische Angststörungen sind eine schwere Beeinträchtigung des psychischen Befindens der Katze und interagieren in vielen Fällen mit organischen Störungen (FIC, Psychodermatosen, Kolitis, Adipositas etc.). Die entsprechende medikamentelle Behandlung dieser Katzen sollte eine medizinische und ethische Selbstverständlichkeit sein (S. 137).

5.3 Psychogene Alopezie

Die psychogene Alopezie wird manchmal leider immer noch fälschlicherweise als hormonell bedingte Alopezie bezeichnet, denn die Besitzer berichten nur selten, dass sich die Katze so intensiv putzt, bis die Haare abbrechen und ausgedehnte haarlose Bezirke am Bauch, Flanken, den kaudalen Oberschenkeln und am Schwanz entstehen. Die Behandlung dieser Katzen mit Gestagenen führt zwar aufgrund der unspezifisch sedierenden *(neuroleptic-like)* und glukokortikoiden Effekte zu einer optischen Verbesserung der Symptomatik, ist aber inzwischen nicht mehr *State of the Art.* Gestagene haben schwere Nebenwirkungen (Diabetes, Mammahyperplasie, -zysten und -adenokarzinome), verbessern das psychische Befinden der Katze nicht wirklich und sind daher als medikamentelle Therapie für diese Störung obsolet.

Wichtig bei der Anamnese:

- Organische Differenzialdiagnosen abklären.
- Genaue Beschreibung des Symptoms.
- Ökosoziales System verändert?
- Respekt für die ethologischen Bedürfnisse der Katze?
- Weitere Verhaltenssymptome?

Organische Differenzialdiagnosen abklären

Es bestehen sehr enge Zusammenhänge zwischen Hauterkrankungen und psychischen Störungen. Die psychoneuroendokrinoimmunologischen Verbindungen zwischen Gehirn, Emotionen und Haut sind zahlreich, und eine scharfe Trennung zwischen den einzelnen Systemen ist nicht möglich.
Die Psychodermatologie unterscheidet unter anderem zwischen Störungen, die

- primär organisch sind und durch emotionalen Stress negativ beeinflusst werden.
- primär psychisch sind und zu Hautmanifestationen führen.

In manchen Fällen wird die Unterscheidung in der Praxis nicht leicht sein. Es stellt sich auch die Frage, ob dies immer für eine Therapie notwendig ist, da die physiologische Empfindung von Pruritus einige biochemische Faktoren mit Angstzuständen gemeinsam hat.
Organische Ursachen für die Alopezie sind sehr viel häufiger als psychische. Bei einer Behandlung sollte jedoch immer auch das psychische Befinden der Katze berücksichtigt werden.

Ein Trichogramm ist der sicherste Weg die Alopezie durch Selbsttraumatisierung zu bestätigen.

- Alle **Juckreiz** verursachenden Erkrankungen:
  - Parasiten: Flöhe, Cheyletiella, Läuse, Ohrmilben, Demodex.
  - Atopische Dermatitis.
  - Futtermittelallergie.
  - Pilzinfektionen.
- Schmerzzustände:
  - FLUTD/FIC.
  - Degenerative Gelenkerkrankungen.
  - Lokale Entzündungen.
  - Analbeutelentzündung.
- Zentrale oder periphere Erkrankungen des Nervensystems, die die Hautsensibilität beeinflussen oder Missempfindungen verursachen können:
  - Toxoplasmose.
  - Diabetes.
  - Neuritis.
  - Etc.
- Störungen in der Hautsensibilität (Missempfindungen) ohne Hinweise auf eine dermatologische, neurologische oder andere medizinische Störung (Feline Hyperästhesie).

Genaue Beschreibung des Symptoms

Mit einer detaillierten Beschreibung können eventuell Auslöser erkannt und die Symptomatik klassifiziert werden.

- **Lokalisation der Veränderungen:**
  Typische Lokalisation für übermäßiges Putzen sind:
  - Hinteres Abdomen.
  - Schenkelinnenflächen.
  - Kaudale Oberschenkel.
  - Flanken.
  - Rücken.
  - Seitliche Thoraxwand.
  - Schwanz.
- Haare werden ausgerissen (Trichotillomanie):
  - Vorderpfoten.
  - Flanken.
- Leckgranulome (selten):
  - Tarsalgelenk.
  - Etc.
- Nägelbeißen (Onychophagie, selten).
- **Aussehen der Veränderungen:**
  Je nach Intensität
  - Lokalisiert: Durchmesser ungefähr 1–3 cm, vor allem an Vorderextremitäten und Brustwand.
  - Disseminiert: wie von Motten zerfressen, vor allem an den Vorderpfoten, Schultern.
  - Flächig: vor allem an Bauch, Flanken.
  - Ausgedehnt: an allen beschriebenen Lokalisationen.
  - Erythem bis tiefe Ulzeration.
  - Krallen sind gebrochen, abgenagt, kurz.
- **Direkte Beobachtung:**
  - Hat der Besitzer vermehrtes Putzverhalten beobachtet?
    Die meisten Katzen ziehen sich zurück oder putzen nachts oder wenn sie alleine sind sehr intensiv. Die Katze erscheint dem Besitzer ruhig.
  - Trichotillomanie wird meistens in Konfliktsituationen beobachtet. Charakteristische Haarbüschel – an den Haarspitzen zusammengedreht und an den Wurzeln aufgefächert – liegen herum.
- **Verhaltenssequenz:**
  - Substitutive Aktivität: Die aktive Phase der Verhaltenssequenz kann sehr lange sein, aber die Katze beendet das Verhalten spontan. Substitutive Aktivitäten sind ein Symptom von Angststörungen. Aufgrund andauernder oder unlösbarer Konfliktsituationen treten Verhaltensweisen aus verschiedenen Funktionskreisen auf, die einen selbstberuhigenden, spannungslösenden Effekt auf die Katze haben. Diese Verhaltensweisen sind meistens mit einem allgemeinen Zustand der Inhibition (vermeintliche Ruhe) verbunden.

  - Kompulsives Verhalten: Das Putzverhalten kann sich in Dauer und Intensität so steigern, dass es mit den normalen Aktivitäten und der physischen Unversehrtheit interferiert. Die Katze steht unter einem inneren Zwang sich zu putzen oder Haare auszureißen (Trichotillomanie), beschädigt sich selbst, und die Verhaltenssequenz wird nur durch äußere Reize oder Erschöpfung unterbrochen.
- **Seit wann?**
  Gibt es einen
  - erkennbaren oder vermuteten Auslöser?
  - zyklischen/saisonalen Verlauf? → Organische Ursachen suchen.
- **Evolution im Lauf der Zeit:**
  Gemeinsam mit dem Besitzer eine Kurve des zeitlichen Verlaufs zeichnen. Ist das Ausmaß der Veränderungen
  - gleichbleibend?
  - zunehmend?
  - abnehmend?
  - wechselnd?

Ökosoziales System verändert?

Selbst geringfügige Veränderungen im ökosozialen System und besonders in den Beziehungen zwischen den Katzen können Konflikte oder Angststörungen auslösen und zu psychogener Alopezie führen.

- Räumliche Struktur.
- Zeitliche Struktur.
- Soziale Struktur:
  - Menschen.
  - Katzen.
  - Andere Tiere.

Respekt für die ethologischen Bedürfnisse der Katze?

Angebot an **Rückzugszonen** vor allem im Kinder-, Hunde- und Mehrkatzen-Haushalt nach folgenden Kriterien überprüfen:

- Raumangebot (Fläche und Struktur).
- Anzahl der Ruheplätze ausreichend?
- Lage in erhöhten Bereichen.
- Lage im Bodenbereich.
- Sichtschutz!
- Qualität.

Ausweichmöglichkeit in Konfliktsituationen:

- Fütterungsmanagement restriktiv kontrolliert oder ad libitum.
- Kratzangebote.
- Interaktives Spiel.
- Fluchtmöglichkeit.

Weitere Verhaltenssymptome?

Psychogene Alopezie, Trichotillomanie und Leckgranulome sind im Allgemeinen von anderen Angstsymptomen begleitet.
Hyperphagie (Adipositas) tritt als weitere substitutive Aktivität häufig mit psychogener Alopezie gemeinsam auf.
Schwanzjagen, -beißen kann als zusätzliches Symptom bei obsessiv-kompulsiven Störungen auftreten (S. 195).

Mögliche Diagnosen

Bei folgenden psychischen Störungen kann vor allem psychogene Alopezie beobachtet werden:
- Deprivationssyndrom (S. 183).
- Generalisierte Angststörung (S. 185).
- Angststörung aufgrund von Deritualisation (S. 186).
- Angststörung bei zusammenlebenden Katzen (S. 188).
- Depressive Störungen (S. 191).

Therapeutische Strategien

Therapeutische Strategien werden an die individuellen Möglichkeiten und Bedürfnisse des Besitzers und der Katze angepasst:
- Medizinische Ursachen behandeln!
  Die meisten Katzen mit Alopezie haben organische Erkrankungen, insbesondere **Flohallergien** (auch wenn keine Flöhe oder Flohkot auf der Katze zu finden sind!).
- Pheromontherapie (S. 142): Feliway® Diffuseur.
- Ökoethologische Therapien (S. 145):
  - Ausreichende **Isolationszonen** schaffen.
  - Sichtschutz.
  - Ausweichmöglichkeiten in Konfliktsituationen schaffen.
  - Kratzstellen anbieten.
  - Mehrere Futterplätze.
  - Fluchtmöglichkeit.
- Verhaltenstherapien (S. 160):
  Wenn Auslöser und Konsequenzen genau erkannt sind, können diese modifiziert werden:
  - Habituation.
  - Systematische Desensibilisierung.
  - Gegenkonditionierung.
- Spieltherapie (S. 171).
- **Psychopharmaka:**
  Da eine sehr enge psychoneuroendokrinoimmunologische Verbindung zwischen Pruritus und Angststörungen besteht, ist eine medikamentelle Therapie mit entsprechenden Psychopharmaka auch bei primär organischen Hauterkrankungen

sinnvoll. Manche der verwendeten Psychopharmaka haben eine gute antihistaminerge und analgetische Wirkung (S. 137).

! Gestageneinsatz für psychogene Alopezien ist aufgrund der schweren Nebenwirkungen obsolet.

5.4 Kratzmarkieren

Die Katze wird häufig vorgestellt mit *Sie hat einen so tollen Kratzbaum und trotzdem demoliert sie mein Sofa.*
Auslöser für die Suche nach Hilfe kann auch die geplante oder bereits erfolgte Neuanschaffung von Möbeln oder Tapetenwechsel sein.

Wichtig bei der Anamnese:
- Genaue Beschreibung des Symptoms.
- Ökosoziales System verändert?
- Respekt für die ethologischen Bedürfnisse der Katze?
- Bisherige Maßnahmen?
- Weitere Verhaltenssymptome?

Genaue Beschreibung des Symptoms

- **Wo?** Plan zeichnen mit allen Stellen, an denen die Katze kratzt. Zeitliche Entwicklung mit Zahlen kennzeichnen. Bezug zu anderen wichtigen Lebensfeldern der Katze – Schlaf- und Ruheplätze, Spielplätze, Durchgangszonen, Aussichtsplätze, Eingangstüren, etc. – markieren.
- **Wie häufig?** Zu dieser Frage kann der Besitzer in der ersten Konsultation nur selten Auskunft geben. Bei Verdacht auf zu häufiges oder exzessives Kratzmarkieren Aufzeichnungen erbitten. Es gibt keine wissenschaftlichen Daten zur Frequenz von Kratzmarkieren, sodass die Symptomatik ipsativ beurteilt werden muss.
- **Wann?** Zeitliche Zusammenhänge und der Kontext, in dem Kratzmarkieren auftritt, geben Hinweise auf die mögliche Motivation:
  - In Anwesenheit anderer Katzen:
    - Spielaufforderung.
    - Stress-/Spannungsabbau.
    - Provokation.
    - Abgrenzung von Ruhezonen.
  - In Anwesenheit von Menschen:
    - Spielaufforderung.
    - Stress-/Spannungsabbau.
    - Provokation.
    - Ritual.

- In Abwesenheit:
  - Stress-/Spannungsabbau.
  - Abgrenzung von Ruhezonen.

Ökosoziales System verändert?

Da Kratzmarkieren sowohl der direkten wie auch der indirekten Kommunikation dient, haben vor allem die sozialen Beziehungen einen Einfluss darauf.

Respekt für die ethologischen Bedürfnisse der Katze?

Die Aussage, dass die Katze ohnehin *einen Kratzbaum* zur Verfügung hat, ist per se völlig wertlos.
Die Vorstellungen und Ansprüche hinsichtlich Kratzgelegenheiten unterscheiden sich zwischen Besitzer, Tierbedarfshandel und Katze nämlich ganz erheblich.
Für die Katze sind folgende Kriterien von Bedeutung (S. 42, S. 152):

- Standort.
- Material.
- Anzahl.
- Standfestigkeit.

Für den Besitzer sind meistens von Bedeutung:

- Farbe passend zur Einrichtung.
- Größe beziehungsweise Platzbedarf: entweder möglichst klein und unauffällig als Alibi oder als monströses, aber nicht unbedingt katzengerechtes, Supermodell mit allen Raffinessen.
- Ordentliches Aussehen ohne hervorstehende Fransen.

Welche bisherigen Maßnahmen?

In vielen Fällen wurde das Kratzen an Möbelstücken vom Besitzer bislang toleriert und wird erst mit einer Neuanschaffung störend.

- Strafen: Anschreien und verjagen sind übliche Lösungsansätze. Manchmal werden Katzen mit Sprühflaschen „anonym" bestraft. Dies führt zu Kratzmarkieren nur in Abwesenheit des Besitzers oder zur Etablierung eines Rituals, mit dem die Katze Aktivität initiieren kann, und/oder zur Störung der sozialen Beziehungen zur Katze.
- Repellanzien: Parfums, Katzenfernhaltespray, Essig, Zitrusöle, etc. sind in der Regel ohne Effekt.

Weitere Verhaltenssymptome?

Dem Untersuchungsgang folgend werden die weiteren Verhaltensbereiche erfasst und Symptome registriert.
Kratzmarkieren kann

- als Einzelsymptom bei psychisch gesunden Katzen vom Besitzer als störend empfunden werden.
- in übermäßiger Form Symptom einer Angststörung sein.

Mögliche Diagnosen

Im Rahmen der folgenden psychischen Störungen kann Kratzmarkieren auftreten:

- Deprivationssyndrom (S. 183).
- Generalisierte Angststörung (S. 185).
- Angststörung aufgrund von Deritualisation (S. 186).
- Angststörung bei zusammenlebenden Katzen (S. 188).
- Angststörung aufgrund restriktiver Lebensbedingungen (S. 187).
- Hyperaktivitätsstörung (S. 181).

Therapeutische Strategien

Therapeutische Strategien werden an die individuellen Möglichkeiten und Bedürfnisse des Besitzers und der Katze angepasst:

- Pheromontherapie (S. 142):
  - Feliway® Spray.
  - Feliway® Diffuseur.
- Ökoethologische Therapie (S. 145):
  Das Prinzip ist einfach: Die Ansprüche der Katze an Markierstellen erfüllen:
  - Material.
  - Orte.
  - Anzahl.
  - Unerwünschte Kratzstellen unbrauchbar machen.
  - Unerwünschte Kratzstellen unzugänglich machen.
- Kognitive Therapie und Reframing (S. 157):
  - im Gespräch mit dem Besitzer
    - *Kratzmarkieren ist ein natürliches Ausdrucksverhalten von Katzen und kein Bosheitsakt.*
    - *Mit Kratzmarkierungen strukturieren sich Katzen ihr Lebensumfeld.*
    - Frequenz und Kontext beobachten und protokollieren lassen.
- Verhaltenstherapien (S. 160):
  - Instrumentelle Gegenkonditionierung.
  - Aversive Gegenkonditionierung.
- Umplatzierung (S. 179).
- Chirurgische Maßnahmen (S. 175):
  - Krallen schneiden.
  - (Krallenamputation ist **verboten!**).
- Sonstige Maßnahmen (S. 178): Soft Paws®.
- **Psychopharmaka:**
  Kratzmarkieren ist ein normales Markier- und Kommunikationsverhalten von Katzen und erfordert im Allgemeinen keine medikamentelle Therapie.
  Exzessives oder zwanghaftes Kratzmarkieren ist Symptom einer Angststörung, für die eine Therapie mit Psychopharmaka sinnvoll sein kann (S. 137).

5.5 Vokalisieren

Wichtig bei der Anamnese:
- Organische Differenzialdiagnosen abklären.
- Genaue Beschreibung des Symptoms.
- Reaktionen des Besitzers und Konsequenzen?
- Bisherige Maßnahmen?
- Weitere Verhaltenssymptome?

Organische Differenzialdiagnosen abklären

- Intaktes Sexualverhalten.
- Hyperthyreose.
- Bluthochdruck.
- Taubheit.
- ZNS-Erkrankungen (Tumoren, Infektionen).
- Schmerzhafte Erkrankungen.

Genaue Beschreibung des Symptoms

Mit einer detaillierten Beschreibung können die wichtigsten Gründe für übermäßiges Vokalisieren erfasst werden.

- **Wann?**
  - Nachts, anfallsweise.
  - Tagsüber.
  - In Anwesenheit der Besitzer:
    Vokalisieren in Anwesenheit des Besitzers ist meistens (aber nicht zwingend!) Hinweis auf eine unbewusste positive Verstärkung oder ein Ritual.
  - In Abwesenheit der Besitzer:
    Anfallsweises Vokalisieren in Abwesenheit der Besitzer oder nachts spricht sehr für eine angstbedingte Störung, abhängige Persönlichkeitsstörung oder senile Demenz.
  - Saisonale Schwerpunkte: zur Fortpflanzungssaison im Winter.
- **Dauer und Frequenz:**
  Um das Ausmaß der Symptomatik und vor allem einer therapeutischen Strategie überwachen zu können, sind Informationen über die Dauer und Frequenz von entscheidender Bedeutung!
- **Art des Vokalisierens:**
  - Moduliert und mehr oder weniger variationsreich (zumindest anfänglich) spricht für ritualisiertes Kommunikationsverhalten.
  - Monoton von jaulend bis grölend („entartet") spricht für eine psychische (oder organische) Störung wie instrumentalisiertes, stereotypes Vokalisieren oder senile Demenz.

Reaktionen des Besitzers und Konsequenzen?

Die Reaktionen des Besitzers und der Katze geben Hinweise auf den Hintergrund der Störung:

- Besitzer reagiert (oder reagierte ursprünglich, zumindest einmal) auf das Miauen, indem er die Katze füttert, streichelt, mit ihr redet, spielt, etc. **und** das Verhalten intensiviert sich mit der Zeit in Frequenz, Intensität und Dauer → positive Verstärkung, eventuell als besonders effektive Zufallsbestärkung.
- Besitzer reagiert auf die Lautäußerung der Katze, indem er mit ihr redet, sie beruhigt, etc. **und** die Katze beruhigt sich, das Verhalten steigert oder intensiviert sich nicht → senile Demenz oder Angststörung. Unabhängig von jeglicher Bestätigung kann der Krankheitsverlauf einer kognitiven Dysfunktion progressiv sein.
- Besitzer reagiert auf die Lautäußerung der Katze **und** die Katze lässt sich nicht von ihrem Verhalten abbringen → Taubheit, stereotypes Vokalisieren oder senile Demenz.
- Besitzer reagiert nicht (hat noch nie reagiert) auf das Miauen der Katze **und** das Verhalten intensiviert sich im Lauf der Zeit → dies dürfte eher selten bis nie der Fall sein, da praktisch alle Besitzer in irgendeiner Form auf andauerndes Miauen reagieren; Hinweis auf stereotypes Vokalisieren oder senile Demenz.

Welche bisherigen Maßnahmen?

Abgesehen von den bereits beschriebenen Reaktionen von Besitzer und Katze sind bisherige Versuche für die Auswahl der therapeutischen Strategie von Bedeutung:

- Nachts in einem Raum einsperren oder Schlafzimmertür schließen. Wenn diese Maßnahme effektiv ist und keine weiteren Angstsymptome vorliegen, die eine Behandlung erfordern, sollte diese Lösung mit Autorisierung durch den Tierarzt beibehalten werden.
- Strafen: Sind selten wirksam, da vermeintliche Strafe unter Umständen auch als positive Verstärkung wirken kann (zum Beispiel aufstehen und Katze verjagen). Bei alternden Katzen und Angststörungen sind jegliche Strafen kontraproduktiv.

Weitere Verhaltenssymptome?

Dem Untersuchungsgang folgend werden die weiteren Verhaltensbereiche erfasst und Symptome registriert:
Vokalisieren kann

- physiologisch als Teil des Sexualverhaltens sein.
- rassetypisch sein (orientalische Rassen, insbesondere Siam).
- als Folge unbeabsichtigter positiver Verstärkung durch den Besitzer intensiviert und zum Ritual werden.
- instrumentalisiert oder stereotyp sein.
- Symptom einer psychischen Störung sein, die mit weiteren Verhaltenssymptomen einhergeht.

Mögliche Diagnosen

Bei folgenden psychischen Störungen ist übermäßiges Vokalisieren möglich:

- Generalisierte Angststörung (S. 185).
- Angststörung aufgrund restriktiver Lebensbedingungen (S. 187).
- Abhängige Persönlichkeitsstörung (S. 197).
- Hyperaktivitätsstörung (S. 181).
- Senile Demenz – kognitive Dysfunktion (S. 195).
- Repetitive Störung (S. 194).

Therapeutische Strategien

Therapeutische Strategien werden an die individuellen Möglichkeiten und Bedürfnisse des Besitzers und der Katze angepasst:

- Pheromontherapie (S. 142): Feliway®Diffuseur.
- Ökoethologische Therapien (S. 145):
  - Fütterungsmanagement.
    - Fütterung ad libitum.
    - Hauptmahlzeit abends.
    - Mehrere Futterplätze.
    - Futter verstecken.
    - Fütterung mit Pipolino.
  - Raumrestriktion (nachts).
  - Ältere Katzen nachts warm zudecken.
  - **Passende** Partnerkatze.
- Kognitive Therapie und ethologisches Reframing (S. 157) im Gespräch mit dem Besitzer:
  - *Ihre Katze hat von Ihnen gelernt, dass es im Umgang mit Ihnen eine wirkungsvolle Methode der Kommunikation ist.*
  - *Katzen sind dämmerungsaktive und teilweise nachtaktive Tiere.*
  - *Die bislang einzige Möglichkeit mit Ihnen aktiv zu sein, ist in der Nacht, wenn Sie zu Hause sind.*
  - Unbewusste positive Verstärkung bewusst machen.
- Verhaltenstherapien (S. 160): Extinktion.
- Spieltherapie (S. 171).
- Freilauf- oder Gehegehaltung.
- Chirurgische Maßnahmen (S. 175): Kastration.

- **Psychopharmaka:**
  Um die Lebensqualität der Besitzer, der Nachbarn und damit auch diejenige der Katze zu sichern, ist vor allem in Fällen von nächtlichem und/oder instrumentalisiertem oder stereotypem Vokalisieren eine medikamentelle Therapie angebracht (S. 137).

5.6 Textilien und andere unverdauliche Substanzen fressen (Pica)

Bei Katzen gibt es Zwangsstörungen, die sich durch orale Symptomatik, wie Wolle saugen oder Textilien und andere Materialien fressen, äußern.
Die Katze wird mit dem Symptom *frisst Löcher in Pullover und Decken* (oder andere unverdauliche Materialien fressend) vorgestellt. In der Praxis ist davon auszugehen, dass gelegentliche Löcher in Textilien vom Besitzer toleriert werden und somit überwiegend Katzen vorgestellt werden, die bereits erhebliche Schäden angerichtet haben oder wegen Ileus operiert werden mussten.

Wichtig bei der Anamnese:
- Welches Material wird gefressen?
- Genaue Beschreibung des Symptoms.
- Entwicklung der Katze.
- Bisherige Maßnahmen?
- Entwicklung und Genetik der Katze.
- Weitere Verhaltenssymptome?

Die Hypothese, dass Katzen Wolle wegen des darin enthaltenen Lanolins fressen, hat sich nicht bestätigt, da sich Katzen, je nach Angebot, auch auf synthetische Fasern oder Baumwolle spezialisieren. Es gibt bei manchen Katzen einen fließenden Übergang von Wolle saugen zu Wolle fressen; die meisten spezialisieren sich auf das eine oder das andere Verhalten.

Welches Material wird gefressen?

Es gibt zahlreiche Materialien, die von Katzen gefressen oder angefressen werden:
- Textilien: Wolle wird von den meisten Katzen (93%) und häufig als erstes Material besaugt, gekaut und/oder gefressen; Angora und Kaschmir, gemischte und rein synthetische Fasern, Baumwolle, Leder, Pullover, Decken, Schals, Tischtücher, Vorhänge, etc.
- Plastik und gummiähnliche Substanzen: Eine kleinere Gruppe von Katzen entwickelt eine Vorliebe für diese Materialien (Badeschlappen, Babyschnuller, Gummiringe, Fensterfüllungen, etc.).
- Katzenstreu, Erde, Sand, etc.: Für Kitten ist es normales Explorationsverhalten, die Katzenstreu bei den ersten Besuchen im Katzenklo zu kosten. Bei erwachsenen Katzen ist dies fast immer ein Symptom einer schweren systemischen Erkrankung – Anämie, Niereninsuffizienzen, chronische Virusinfektionen.
- Pflanzen: Das Anknabbern von Pflanzen ist ein physiologisches Nahrungsaufnahmeverhalten der Katze. Es werden einerseits die feinen jungen Triebspitzen von Gräsern aufgenommen (Nahrungsergänzung) und andererseits scharfkantige, eher sperrige Halme gefressen, die meistens nach kurzer Zeit wieder erbrochen werden (Rohfaser zur Reinigung des Magen-Darm-Trakts).

- Holz: Vorstehende Kanten von Möbelstücken, Bleistifte und ähnlich dimensionierte Holzobjekte werden zerkaut, manchmal auch gefressen. In einigen Fällen ist das Ankauen die Fortsetzung einer Verhaltenssequenz Gesichtsmarkierung, in anderen ist schlicht das Kaubedürfnis der Katze nicht befriedigt.

Das Ausmaß und die Art der von der Katze gewählten Materialien hat wesentliche Konsequenzen für die Behandlung der Störung:
Schaden für den Besitzer: Wert der betroffenen Textilien oder Materialien.
Schaden für die Katze: Gummi, Kunststoffe, Plastik oder Holz führen häufiger zu Ileus als textile Materialien.

Genaue Beschreibung des Symptoms

- **Auftretende Verhaltensweisen:**
  - Belecken.
  - Saugen mit/ohne Treteln.
  - Kauen.
  - Rupfen oder Reißen.
  - Fressen und abschlucken.
  - Kombinationen.
- **Wie häufig?** Der Rahmen bei dieser Zwangsstörung reicht von gelegentlich und vereinzelt gefressenen Löchern bis zum regelmäßig täglichen oder mehrmals täglichen Auftreten.
- **Wann?** Zeitliche Schwerpunkte im Tagesrhythmus oder zeitliche Zusammenhänge mit stressvollen oder traumatischen Ereignissen können Hinweis auf eventuelle Auslöser sein.
- **Evolution des Symptoms?** Die meisten Katzen beginnen mit Wolle und generalisieren im Lauf der Zeit auf andere textile Materialien.
  In Einzelfällen kann die Symptomatik mit dem Erwachsenenalter (2–3 Jahre) verschwinden.

Welche bisherigen Maßnahmen?

Vom Besitzer bereits durchgeführte Maßnahmen und vor allem deren Effekte erfragen.
Strafen: Zwangsstörungen können durch Strafen nicht beeinflusst werden. Die Katze lernt, die Textilien nur in Abwesenheit der Besitzer oder an sicheren Orten zu bearbeiten.

Entwicklung und Genetik der Katze

Siam- und Burmakatzen sind am häufigsten von dieser Störung betroffen, andere Katzen nur zu 11% – genetische Faktoren tragen daher mit großer Wahrscheinlichkeit zur Entstehung der Symptomatik bei.
Von manchen Autoren wird zu frühes Absetzen als ursächlich angesehen, in einer anderen Studie konnte kein Zusammenhang festgestellt werden.

Katzen mit dieser Störung scheinen jedoch – unabhängig vom Absetzalter – in einem infantilen Stadium ihrer Entwicklung zurückgeblieben zu sein oder wieder zurückzufallen. Hinweise darauf sind persistierendes Saugverhalten an sich selbst, Körperteilen des Besitzers, anderen Katzen, Hunden oder Textilien.
Bei handaufgezogenen Katzen kann davon ausgegangen werden, dass der Entwöhnungsprozess nicht alle für die Katze notwendigen Phasen durchlaufen hat.

Bei den meisten Katzen beginnt die Störung rund um die Pubertät oder im frühen Erwachsenenalter, eventuell auch schon wenige Wochen nach der Übernahme vom Züchter oder einem anderen stressvollen, traumatisierenden Ereignis.

Weitere Verhaltenssymptome?

Dem Untersuchungsgang folgend werden die weiteren Verhaltensbereiche erfasst und Symptome registriert.

Mögliche Diagnosen

Textilien oder Plastik fressen kann

- als einzelnes Symptom einer Störung aus dem obsessiv-kompulsiven Spektrum (OCSD) auftreten (S. 194).
- mit anderen Symptomen einer Angststörung oder infantilen Verhaltensweisen, bzw. abhängiger Persönlichkeitsstörung vergesellschaftet sein (Zwangsstörungen werden in der Humanpsychiatrie unter Angststörungen klassifiziert):
  - Unsauberkeit.
  - Harnmarkieren.
  - Kratzmarkieren.
  - Psychogene Alopezie.
  - Hyperattachment.
  - Persistierendes Saugverhalten.

An diese psychischen Störungen sollte bei oralen Zwangssymptomen auch noch gedacht werden:

- Abhängige Persönlichkeitsstörung (S. 197).
- Angststörung aufgrund restriktiver Lebensbedingungen (S. 187).

Therapeutische Strategien

Therapeutische Strategien werden an die individuellen Möglichkeiten und Bedürfnisse des Besitzers und der Katze angepasst:

- Ökoethologische Therapien (S. 145):
  - Environment Enrichment.
  - Fütterung ad libitum.
  - Futter verstecken.
  - Fütterung mit Pipolino.
  - Futter anbieten, das die Kautätigkeit fordert (größere Fleischstücke, Hühnerflügel, Mäuse …).

- Exploration und jagdliche/spielerische Aktivitäten fördern.
- Markierstellen schaffen, die auch angekaut werden dürfen.

- Kognitive Therapie (S. 157):
  - Besitzer: Ordnung halten.
  - Besitzer und Katze: Ablösung und Autonomisierung fördern.
- Verhaltenstherapien (S. 160):
  - Auslöser unzugänglich machen.
  - Legale Möglichkeiten anbieten.
  - Aversive Gegenkonditionierung mit Bitterstoffen.
- Spieltherapie (S. 171).
- **Psychopharmaka:**
  Für schwere Fälle, wenn die Schäden für den Besitzer und/oder die Katze groß sind und durch Wegräumen nicht begrenzt werden können, ist die Medikation ein sinnvoller Weg, diese Zwangsstörung zu beeinflussen (S. 137).

5.7 Schwanzjagen oder -beißen, Kreislaufen

Während spielerisches Schwanzfangen bis ins hohe Alter als Spielverhalten auftreten kann, sind aggressive Attacken auf den eigenen Schwanz immer pathologisch.

Wichtig bei der Anamnese:
- Organische Differenzialdiagnosen abklären.
- Sofortmaßnahmen.
- Genaue Beschreibung des Symptoms.
- Weitere Verhaltenssymptome?

Organische Differenzialdiagnosen abklären

- Zentrale und periphere Erkrankungen des Nervensystems:
  - (Poly-)Neuritis.
  - Toxoplasmose.
  - Lumbosakrale Instabilität.
- Wirbelsäulen- oder Schwanzverletzungen.
- Juckreiz:
  - Flöhe.
  - Ohrmilben.
  - Herbstgrasmilben.
  - Cheyletiella.
  - Allergien.
- Schmerz oder Missempfindung (Phantomschmerz).
- Analbeutelverstopfung oder -entzündung.

Sofortmaßnahmen

Da die Abklärung von organischen Differenzialdiagnosen und auch die Wirkung von Medikamenten einige Zeit beanspruchen kann, müssen erste Maßnahmen zur Verhinderung weiterer selbstverstümmelnder Verletzungen getroffen werden.

- **Schmerztherapie:** Schmerz kann der ursprüngliche Auslöser sein oder sekundär weitere Attacken verursachen, nachdem der Schwanz bereits verletzt wurde und nun hochgradig überempfindlich und schmerzhaft ist.
  - Carprofen (Rimadyl®) oder Meloxicam (Metacam®) und/oder Butorphanol (Butomidor®) oder Gabapentin.
  - Glukokortikoide: Solange systemische Infektionen nicht ausgeschlossen sind mit Zurückhaltung.
- **Anästhesie:** In schweren Fällen kann unter Umständen zur Unterbrechung der Attacken, sowie zur Wundversorgung, eine Anästhesie notwendig werden. Es gibt Katzen, die nach einer Narkose (z. B. für Wundversorgung oder Teilamputation) für einige Monate bis zu einem Jahr symptomfrei sind. Ketamin sollte bei diesen Katzen nach Möglichkeit vermieden oder sehr niedrig dosiert werden, da es zu Halluzinationen und dadurch zu weiterer Verschlechterung des Krankheitsbildes führen könnte.
- **Schutz des Schwanzes vor weiteren Verletzungen:**
  - Schutzverband mit 20-ml-Spritze, deren Konus entfernt wurde, sodass die Wunde ausreichend belüftet ist und kontrolliert oder behandelt werden kann. Durch das weite Lumen hängt die Schwanzspitze innerhalb ihrer Schutzhülle praktisch frei in der Luft und schmerzhafte Kontakte sind auf ein Minimum reduziert.
  - Halskrause: Obwohl diese zwar den Stress der Katze erhöht, ist die Schwanzspitze vor weiteren Verletzungen geschützt, bis die Behandlung wirkt.

Genaue Beschreibung des Symptoms

- **Verhaltenssequenz beschreiben:**
  - Anfangsphase: vom Besitzer wird beschrieben, dass die Katze aus einer Ruhephase, aus dem Schlaf oder während des Putzens ihren Schwanz (unbewegte oder bewegte Schwanzspitze) plötzlich anzustarren beginnt, faucht, knurrt und panisch davonläuft. Oft beginnt auch die Rückenhaut wellenartig zu zucken – Rolling Skin.
  - Der Schwanz wird entweder sofort oder nach einer Fluchtphase mit Krallen und Zähnen attackiert.
  - Die Katze zieht sich zurück oder beginnt die Sequenz wieder von vorne.
- **Dauer und Frequenz:** Das Ausmaß und die Intensität des Schwanzjagens sind für die Dringlichkeit der Behandlung von großer Bedeutung.
  - Zeitweiliges spielerisches Schwanzjagen ist normal und kann von der Katze selbst beendet werden.
  - Stereotypes Schwanzjagen kann von der Katze selbst nicht beendet werden, es sei denn zeitweilig durch Erschöpfung oder starke äußere Reize.

  - Katzen mit neurologischen Erkrankungen (Gehirntumoren, Toxoplasmose etc.) können stundenlang im Kreis gehen; diese Kreise haben in der Regel einen größeren Durchmesser, die Richtung wechselt nicht und bei gründlicher neurologischer Untersuchung sind weitere Symptome erkennbar.
- **Intensität:**
  - Im Kreis laufen und Schwanz verfolgen.
  - Intensives aufgeregtes Putzen von Flanken und Schwanzspitze.
  - Schwanz aggressiv attackieren mit Verletzungen.
- **Auslöser:**
  Zeitliche Zusammenhänge und vermutete oder bekannte auslösende Faktoren können in Verhaltenstherapien integriert werden. Stress- und Konfliktsituationen können Auslöser für obsessiv-kompulsive Störungen sein.

Weitere Verhaltenssymptome?

Dem Untersuchungsgang folgend werden die weiteren Verhaltensbereiche erfasst und Symptome registriert.
Schwanzjagen oder -beißen kann, aber muss nicht, mit anderen Symptomen zum Beispiel einer Angststörung, Hyperaktivitätsstörung oder aggressiven Verhaltensweisen kombiniert sein.

Mögliche Diagnosen

- Feline Hyperästhesie (S. 193).
- Obsessiv-kompulsive Störung (OCSD) (S. 194).
- Psychomotorische Epilepsie (?).

Therapeutische Strategien

Therapeutische Strategien werden an die individuellen Möglichkeiten und Bedürfnisse des Besitzers und der Katze angepasst:
- Schmerztherapie.
- Pheromontherapie (S. 142): Feliway® Diffuseur.
- Ökoethologische Therapien (S. 145): Environment-Enrichment.
- Verhaltenstherapien (S. 160):
  - Systematische Desensibilisierung.
  - Gegenkonditionierung.
- Chirurgische Maßnahmen (S. 175):
  - Wundversorgung.
  - (Eine teilweise Schwanzamputation kann zwar notwendig werden, ist aber keine Therapie für diese Zwangsstörung.)
- **Psychopharmaka:**
  Die rasche und effektive Kontrolle von stereotypen und obsessiv-kompulsiven Störungen wie Schwanzjagen oder -beißen ist nur mit medikamenteller Therapie möglich (S. 137).

5.8 Aggression

Für das Vorgehen in der Praxis eignet sich die klinische Einteilung der aggressiven Symptomatik nach dem Opfer:

- Aggressives Verhalten gegen Menschen
- Aggressives Verhalten gegen Katzen

Aggressives Verhalten gegen Menschen

Aggressives Verhalten gegenüber Menschen kann vom Drohverhalten über kontrolliertes Aggressionsverhalten bis zur schweren Beiß- und Kratzattacke mit unter Umständen lebensbedrohlichen Wundinfektionen reichen.

Wichtig bei der Anamnese:
- Gefährlichkeit beurteilen.
- Organische Differenzialdiagnosen abklären.
- Genaue Beschreibung des Symptoms.
- Ökosoziales System verändert?
- Respekt für die ethologischen Bedürfnisse der Katze?
- Entwicklung der Katze.
- Bisherige Maßnahmen des Besitzers?
- Weitere Verhaltenssymptome?

Gefährlichkeit beurteilen

Bei gegen den Menschen gerichtetem Aggressionsverhalten ist als Erstes die von der Katze ausgehende Gefahr zu beurteilen. Der Besitzer muss auf jeden Fall über die Risiken, die mit der weiteren Haltung und Behandlung der Katze verbunden sind, aufgeklärt werden. Wenn die Gefahr weiterer Verletzungen zu groß ist oder der Besitzer das Risiko nicht tragen kann oder will, muss die **Euthanasie** der Katze in Erwägung gezogen werden.
Ähnlich wie beim Hund gibt es objektivierbare Kriterien, nach denen die Gefährlichkeit beurteilt werden kann:

- **Offensiver oder defensiver Aspekt** der Aggression.
  Bei der offensiven oder proaktiven Aggression bewegt sich die Katze zum Opfer hin. Offensive Aggressionen sind gefährlicher als defensive.
  Bei der defensiven Aggression bewegt sich das Opfer auf die Katze zu. Defensive Aggressionen sind leichter zu managen.
- **Vorhersehbarkeit.**
  Wenn die Drohphase fehlt oder zu kurz ist, wird der Angriff unvorhersehbar. Unvorhersehbare Angriffe sind gefährlicher als vorhersehbare, bei denen sich das

potenzielle Opfer noch zurückziehen oder schützen kann. Für kleine Kinder, Besucher oder unbeteiligte Passanten ist die Aggression praktisch immer unvorhersehbar.

- **Kontrolle.**
  Angriffe können je nach Aggressionstyp mehr oder weniger gut kontrolliert sein. Wenn jegliche Beiß- und/oder Kratzhemmung fehlt, ist die Aggression unkontrolliert und als sehr gefährlich anzusehen.
- **Masse.**
  Das Gewicht der Katze ergibt sich aus der Masse multipliziert mit der Beschleunigung bei einem Angriff. Je schwerer die Katze, desto massiver wirkt sich ein plötzlicher schneller Angriff aus.
- **Krallen und Zähne.**
  Das Vorhandensein von Krallen und vollständigem Gebiss erhöht das Verletzungsrisiko bei Angriffen erheblich.

Am gefährlichsten sind somit offensive, unvorhersehbare und unkontrollierte Aggressionen. In Haushalten mit Kindern, älteren, behinderten oder kranken Personen (vor allem Diabetes, Therapie mit Gerinnungshemmern, Ödeme, immunsupprimierte Personen etc.) stellt eine solche Katze höchstes Risiko oder Lebensgefahr dar!

Organische Differenzialdiagnosen abklären

Erkrankungen können aggressives Verhalten auslösen oder zu einer reizbaren Stimmung mit erhöhtem Risiko für aggressive Reaktionen führen.
Es sollten je nach Alter der Katze vor allem in Betracht gezogen werden:

- **Alle schmerzhaften Erkrankungen.**
- ZNS-Erkrankungen.
  - FIV.
  - FeLV.
  - FIP.
  - Tollwut.
  - Toxoplasmose.
  - Gehirntumoren (Meningeom, Lymphosarkom).
  - Meningoenzephalitis.
  - Epilepsie.
  - Angeborene Störungen (Hydrozephalus, Speicherkrankheiten).
- Hyperthyreose.
- Bluthochdruck.
- Portosystemischer Shunt.
- Lebererkrankungen (Hepatoenzephalopathie).
- etc.

Genaue Beschreibung des Symptoms

Mit der detaillierten Beschreibung kann man in den meisten Fällen den Aggressionstyp (S. 26) diagnostizieren. Wenn auslösende Faktoren und Konsequenzen des Verhaltens bekannt sind, können diese Informationen im Rahmen der Verhaltenstherapien genützt werden.

- **Verhaltenssequenz beschreiben:**
  - Drohphase mit Schnaufen, Starren, Anspannung, Fauchen, Knurren, Jaulen, Ohren anlegen, Haarkamm am Rücken, staksiger Gang mit steifen Hinterbeinen, Angstsymptomen etc. oder fehlende Drohphase.
  - Angriff mit Beißen, Kratzen, mit den Hinterpfoten treten, emotional bedingtem Kot- und/oder Harnabsatz, Entleeren der Analbeutel, etc.
  - Rückzug: Flucht oder neuerliche Drohphase, Inhibition.

- **Körperhaltung und Mimik beschreiben** (S. 38):
  - **Defensive Haltung:** Geduckt, Schwanz eingezogen, Hals eingezogen, Ohren seitlich am Kopf angelegt, Pupillen weit, eine Pfote erhoben, Halbseitenlage mit vier abwehrbereiten Pfoten.
  - **Offensive Haltung:** Aufrecht, hinten höher als vorne mit mehr oder weniger geradem Rücken, schmaler Haarkamm am Rücken, Ohren schräg nach hinten angelegt, Pupillen eng oder weit, Schwanz ist gebogen mit der Spitze Richtung Boden (wie verkehrtes U), Schwanzhaar gesträubt (eventuell nur am Ansatz), Hinterbeine durchgestreckt, steifer Gang.
  - **Ambivalente Haltung:** Buckel mit gesträubtem Fell und Schwanz wie verkehrtes U gehalten, Breitseit-Imponieren. Aus dieser Imponierhaltung kann die Katze entweder zum Angriff (bei weiterer Annäherung) oder zur Flucht übergehen.

- **Kontexte:** Die Situationen, in denen die Aggression auftritt, sollten möglichst genau beschrieben werden.
  - **Ort:** Wo findet die Aggression statt?
  - **Zeit:** Wann findet die Aggression statt? Lichtverhältnisse?
  - **Anwesende:** Alle Personen, Katzen und andere Tiere, die während der Aggression anwesend sind, oder interagieren.
  - **Aktivitäten:**
    - Gibt es eine Interaktion mit der Katze: Streicheln, Fellpflege, Manipulationen, Spiel, Strafen …?
    - Gibt es keine Interaktion mit der Katze: Schlafen, Vorbeigehen, Sitzen …?
  - **Bezug zu anderen Ereignissen:** Fütterung, Spiel, Fellpflege, Kontakt mit anderen Katzen, etc.
  - **Auslöser:** Gibt es bekannte oder vermutete Auslöser? Aggression wird multifaktoriell ausgelöst – je mehr auslösende Faktoren bekannt sind, desto besser. Häufige äußere Auslöser für Aggression sind
    - taktil (Körperkontakte, Fellpflege).
    - Schmerz (auf den Schwanz treten, Behandlungen).

  - akustisch (hohe, laute schrille Geräusche wie schreiende andere Katzen oder Besitzer).
  - olfaktorisch (alle fremden Gerüche, Futter).
  - optisch (andere Katzen, Hunde, fremde Personen, Bewegung).

Mit diesen Informationen sollte eine deskriptiv-kontextuelle Diagnose des Aggressionstyps (S. 26) möglich sein.

- **Frequenz und zeitliche Entwicklung des Symptoms:**
  Da die Konsequenzen aggressiven Verhaltens aus der Sicht der Katze fast immer positiv sind, weil sie die Distanz zu einer Bedrohung vergrößern oder ihr Ziel erreichen kann, besteht eine starke Tendenz zur Instrumentalisierung. Die Häufigkeit und Intensität der Aggression nimmt zu, die Kontexte werden mehr und die Sequenz verliert ihre Integrität.
  Die Häufigkeit des aggressiven Verhaltens sollte gemeinsam mit dem Besitzer mit einer Verlaufskurve dargestellt und wenn möglich mit Zahlen objektiviert werden.
  - **Seit wann?**
    - Gibt es einen erkennbaren Beginn oder vermuteten Auslöser?
    - War die Katze schon als Jungkatze/seit der Übernahme aggressiv? → Hyperaktivitätsstörung, Dyssoziale Persönlichkeitsstörung, Deprivationssyndrom.
  - **Ist das Ausmaß der Aggression**
    - gleichbleibend?
    - zunehmend?
    - abnehmend?
    - intermittierend mit normalen Phasen?

Ökosoziales System verändert?

Jegliche Veränderungen im ökosozialen Lebensumfeld der Katze können Angststörungen und damit auch aggressive Symptome verursachen.

- Räumliche Struktur.
- Zeitliche Struktur.
- Soziale Struktur:
  - Menschen.
  - Katzen.
  - Andere Tiere.

Respekt für die ethologischen Bedürfnisse der Katze?

Mangelnder Respekt für die grundlegenden Bedürfnisse der Katze können, je nach individuellem Charakter, zu erhöhter Spannung und Reizbarkeit führen.

- **Rückzug:** Bei aggressiver Symptomatik – und ganz besonders im Kinderhaushalt – sollte unbedingt abgeklärt werden, ob die Katze ausreichende, sichtgeschützte und unzugängliche Ruhe- und Rückzugsmöglichkeiten hat.
- **Körperkontakt:** Die Toleranz von Katzen hinsichtlich Körperkontakt und Streicheln ist sehr unterschiedlich – es sollte vom Besitzer respektiert werden, wenn die Katze keinen Körperkontakt (mehr) wünscht.

- **Spiel:** Ausreichende Spielmöglichkeiten und interaktive Spielzeiten sind für die reine Wohnungskatze unerlässlich, um überschüssige Energien, die für jagdliche Aktivitäten vorgesehen wären, abzubauen.
- **Fütterung:** Hunger kann die Reizbarkeit erhöhen und dadurch aggressives Verhalten fördern, sodass bei restriktivem Fütterungsmanagement und Aggression im Zusammenhang mit den Fütterungszeiten diese Möglichkeit erwogen werden sollte.

Entwicklung der Katze

Gibt es in der individuellen Ontogenese der Katze Hinweise:
- Sozial deprivierte Aufzucht vor der 7. Lebenswoche → schlechtere Prognose.
- Traumatisches Erlebnis → bessere Prognose.
- Handaufzucht oder ohne erwachsene, erziehende Katzen → reservierte Prognose.
- Genetischer Hintergrund: Abstammung von freilebenden, jagdfreudigen, verwilderten oder aggressiven Elterntieren → vorsichtige Prognose je nach Haltungsbedingung.

Bisherige Maßnahmen des Besitzers?

Im Zusammenhang mit aggressiver Verhaltenssymptomatik werden Strafmaßnahmen sehr häufig angewendet. Diese Strafen sind in der Regel Anschreien oder physischer Art wie Schlagen, Schütteln, unter die Wasserleitung halten etc. Solche Lösungsansätze sind nicht nur nicht erfolgreich (sonst wäre die Katze nicht in der Konsultation), sondern kontraproduktiv und gefährlich. Sie sind für die Katze unverständlich, werden nur sehr selten zeitgerecht und nicht konsequent durchgeführt und wirken auf diese Weise noch zusätzlich anxiogen bei einer Katze, die möglicherweise schon aufgrund einer Angststörung aggressiv ist.
Lautes Schreien oder Quietschen kann einen Angriff auslösen oder intensivieren. In manchen Haushalten können die unterschiedlichen Reaktionen von Frauen (laute hohe Töne) und Männern (oft ruhige Reaktion, ruhiges Anreden) auf den Angriff der Katze und die Erkenntnis, dass diese Männer nur selten oder gar nicht Opfer sind, bei der Ausarbeitung einer wirksamen Lösungsstrategie helfen.

Weitere Verhaltenssymptome?

Dem Untersuchungsgang folgend werden die weiteren Verhaltensbereiche erfasst und Symptome registriert.
- Als einzelnes Symptom kann Aggression als sogenanntes „petting & biting“ auftreten. Diese Form der irritativen Aggression wird schnell instrumentalisiert und damit pathologisch.
- Auf den Menschen umgerichtete Jagdaggression kann ebenfalls manchmal als Einzelsymptom beobachtet werden. Häufiger ist sie jedoch mit weiteren Symptomen einer Angststörung aufgrund restriktiver Lebensbedingungen, Hyperaktivität oder einer unipolaren Störung kombiniert. Auch diese Form der Aggression wird sehr rasch instrumentalisiert.

Aggressive Symptome können allein oder mit anderen Symptomen kombiniert auftreten. Häufig sind:
- Defensive Verhaltensweisen.
- Unsauberkeit.
- Harnmarkieren.
- Kratzmarkieren.
- Neurovegetative Symptome.
- Etc.

Mögliche Diagnosen

An folgende psychische Störungen ist beim Leitsymptom Aggression zu denken:
- Einfache Phobie (S. 184).
- Multiple Phobien (S. 185).
- Deprivationssyndrom (S. 183).
- Generalisierte Angststörung (S. 185).
- Angststörung aufgrund von Deritualisation (S. 186).
- Angststörung aufgrund restriktiver Lebensbedingungen (S. 187).
- Hyperaktivitätsstörung (S. 181).
- Unipolare Störung (S. 192).
- Dyssoziale Persönlichkeitsstörung (S. 198).

Therapeutische Strategien

Therapeutische Strategien werden an die individuellen Möglichkeiten und Bedürfnisse des Besitzers und der Katze angepasst:
- Pheromontherapie (S. 142):
  - Feliway® Diffuseur.
  - Felifriend® Spray.
- Ökoethologische Therapien (S. 145):
  - Ausreichende Isolations- und Rückzugszonen schaffen.
  - Von restriktiver auf Ad-libitum-Fütterung umstellen oder Frequenz der Fütterungen erhöhen.
  - Fütterung mit Pipolino.
  - Futter verstecken.
- Kognitive Therapie und Reframing (S. 157) im Gespräch mit dem Besitzer:
  - *Nicht jede Katze, die auf den Schoß kommt, möchte auch gestreichelt werden.*
  - Katze beobachten und subtile Distanzierungssignale erkennen.
  - Respekt für die Distanzierungssignale der Katze lernen.
  - Körperliche Strafen sind für Katzen ungeeignet, wirken angstauslösend und führen zur heftigen und unkontrollierten Angstaggression.
- Verhaltenstherapien (S. 160):
  - Habituation.
  - Systematische Desensibilisierung.
  - Klassische Gegenkonditionierung.
  - (Kontrollierte Reizüberflutung.)

- Spieltherapie (S. 171).
- Umplatzierung (S. 179).
- Freilauf- oder Gehegehaltung.
- Sonstige Maßnahmen (S. 178):
  - SoftPaws®.
  - Glöckchen oder Klangkugel am Halsband.
- Chirurgische Maßnahmen (S. 175):
  - Disarming.
  - Krallenamputation, wenn das Leben der Katze auf dem Spiel steht.
- Euthanasie (S. 180).
- **Psychopharmaka:**
  Aggressive Symptomatik kann je nach Ursache mit Medikamenten reduziert oder abgemildert werden. An erster Stelle stehen selektive Serotonin-Wiederaufnahme-Hemmer und anxiolytisch wirkende Medikamente. Desinhibierende Psychopharmaka sind kontraindiziert.
  Sedierende Medikation wie Neuroleptika in Kombination mit SSRIs kann in einzelnen schweren Fällen angezeigt sein, wenn eine Euthanasie abgelehnt wird, aber das Risiko sehr groß ist (S. 137).

Aggressives Verhalten gegen Katzen

Wichtig bei der Anamnese:
- Wie lange besteht das Problem?
- Genaue Beschreibung des Symptoms.
- Soziale Beziehungen der Katzen analysieren.
- Ökosoziales System verändert?
- Organische Differenzialdiagnosen.
- Respekt für die ethologischen Bedürfnisse der Katzen?
- Entwicklung der Katzen.
- Bisherige Maßnahmen?
- Weitere Verhaltenssymptome?

Wie lange besteht das Problem?

Mit dieser ersten Frage kann abgeklärt werden
- ob es überhaupt ein Problem gibt:
  - Katzen, die erst seit wenigen Stunden, Tagen oder Wochen zusammen sind, zeigen normalerweise distanzierende, aggressive Verhaltensweisen wie Fauchen, Knurren, Pfotenhiebe und sie schleichen hintereinander her. Es besteht kein Behandlungs- eventuell aber Beratungsbedarf für den Besitzer.
  - Wenn sich die Katzen in dieser Kennenlern-Situation massiv und direkt attackieren, ist die Prognose schlecht und eine Trennung der Katzen ist zu empfehlen. Bei ausdrücklichem Behandlungswunsch kann mit dem nachfolgenden Schema lösungsorientiert vorgegangen werden.

- wie akut das Problem ist:
  - Plötzlich auftretende und erst seit wenigen Stunden oder Tagen bestehende Aggression zwischen Katzen, die sich gut kennen, ist quasi als „verhaltensmedizinischer Notfall" anzusehen. Die Katzen sollten mit höchster Vorsicht getrennt gehalten und schnellstmöglich ein Konsultationstermin vereinbart werden.

! Der Besitzer muss auf die hohe Verletzungsgefahr beim Umgang mit seinen Katzen hingewiesen werden!

  - Bei aggressiven Problemen, die seit Längerem, manchmal seit Jahren, zwischen den Katzen bestehen, kann die Konsultation auch terminiert werden, um zum Beispiel weitere Informationen wie Videoaufnahmen oder Fotos zu erhalten. Die Prognose ist umso schlechter, je länger das Problem besteht.

Genaue Beschreibung des Symptoms

Das Vorgehen ist bei Aggression zwischen Katzen ähnlich wie bei Aggression gegenüber Menschen.

- **Beschreibung beider Katzen:**
  In der Regel ist eine der beiden Katzen passiv, ängstlich und defensiv, die andere proaktiv und selbstsicher.
  Die agonistische Kommunikation unter Katzen läuft häufig extrem subtil und schnell ab. Die Signale sind daher für das menschliche Auge nicht immer erkennbar. Videoaufnahmen sind aus diesem Grund sehr hilfreich.
  Einige typische Beschreibungen:
  - Die defensive (bedrohte) Katze wird vom Besitzer fast immer als *die Aggressive* bezeichnet, weil sie faucht, knurrt und manchmal die Pfote zur Schlagandrohung hebt, wenn die andere sie tatsächlich bedrohende Katze erscheint oder in die Nähe kommt.
  - Die Halbseiten- oder Rückenlage der in höchster Abwehrbereitschaft befindlichen defensiven Katze wird fälschlicherweise als *Unterwerfungshaltung* interpretiert.
  - Die offensive Katze wird als *tut ja gar nichts* beschrieben, wenn sie subtile Drohungen wie Anstarren oder strategische Sitzblockaden einsetzt.
  - Die Angriffe verlaufen so schnell und heftig, dass sie vom Besitzer nicht oder nur als *wilde Jagd von zwei Tigern*, die er nicht als seine Katzen wiedererkennt beschrieben werden können.

Dennoch sollte eine detaillierte Analyse versucht werden:

- **Verhaltenssequenz beschreiben:**
  - Drohphase mit Starren, Anspannen, Schnaufen, Fauchen, Knurren, Jaulen, Ohren anlegen, aufgestellter Haarkamm am Rücken, staksiger Gang mit steifen Hinterbeinen, etc. oder fehlende Drohphase.
  - Angriff mit Beißen, Kratzen, mit den Hinterpfoten treten, emotional bedingter Kot- und/oder Harnabsatz, Entleeren der Analbeutel, etc.
  - Rückzug: Flucht oder neuerliche Drohphase, Inhibition.

- **Körperhaltung und Mimik beschreiben** (S. 38):
  - **Defensive Haltung:** Geduckt, Schwanz eingezogen, Hals eingezogen, Ohren seitlich am Kopf angelegt, Pupillen weit, eine Pfote erhoben, Halbseitenlage mit vier abwehrbereiten Pfoten.
  - **Offensive Haltung:** Aufrecht, hinten höher als vorne mit mehr oder weniger geradem Rücken, schmaler Haarkamm am Rücken, Ohren schräg nach hinten angelegt, Pupillen eng oder weit, Schwanz ist gebogen mit der Spitze Richtung Boden (wie verkehrtes U), Schwanzhaar gesträubt (eventuell nur am Ansatz), Hinterbeine durchgestreckt, steifer Gang.
  - **Ambivalente Haltung:** Buckel mit gesträubtem Fell und Schwanz wie verkehrtes U gehalten, Breitseit-Imponieren. Aus dieser Imponierhaltung kann die Katze zum Angriff (bei weiterer Annäherung) oder zur Flucht übergehen.
- **Kontexte:**
  Die Situationen, in denen die Aggression auftritt, sollten möglichst genau beschrieben werden.
  - **Ort:** Wo finden die aggressiven Begegnungen statt?
    - Neutrale Durchgangswege.
    - Bedeutende Ressourcen: Katzenklo, Futterplatz, Wasserplatz, bevorzugte Sitzplätze, etc.
    - Invasion der Isolationszonen einer Katze.
    - Draußen im Garten oder Freilaufgehege im Gegensatz zu innerhalb der Wohnräume (→ territoriale Aggression)
  - **Zeit:** Wann finden die Angriffe statt?
  - **Aktivitäten:**
    - Gibt es eine Interaktion der Katzen: Spiel, Putzen?
    - Gibt es keine Interaktion der Katzen: Schlafen, Vorbeigehen, Sitzen?
  - **Auslöser:** Gibt es bekannte oder vermutete Auslöser? Bekannte Auslöser sind nur hilfreich bei der Behandlung, wenn sie vermieden oder in einer Verhaltenstherapie kontrolliert gehandhabt werden können. In den weitaus meisten Fällen hat sich das Problem allerdings unabhängig vom ursprünglichen Auslöser verselbstständigt, sodass die oft spekulative Suche danach für die Behandlung wenig Wert hat.
    Die beiden häufigsten Auslöser sind:
    - **Umgerichtete Aggression** (S. 31): Eine der beiden Katzen erschrickt, erwacht plötzlich (Albtraum?), reagiert aggressiv auf irgendeinen Reiz (Hund, fremde Katze, Geräusch, Geruch, Manipulation, Frustration, etc.) und richtet ihre aggressive Antwort gegen die völlig unbeteiligte, zufällig anwesende Partnerkatze. Diese reagiert ihrerseits auf den unerwarteten Angriff mit Aggression – die missverständliche Kommunikation erhält sich nun selbst durch Antizipation und sich selbst erfüllende Prophezeiungen aufrecht.
    - **Nichterkennen** aufgrund vorübergehender Abwesenheit, verändertem Geruch, verändertem Aussehen, unkoordinierter Bewegung: Tierarztbesuch, Hospitalisierung, Narkose(-nachwirkungen), Rasur, Verband, etc.

Soziale Beziehungen der Katzen analysieren

Die sozialen Beziehungen der Katzen werden am einfachsten mit einem Diagramm (S. 58) dargestellt:

- Kontaktliegen und gegenseitiges Belecken oder Allomarkieren, gegenseitiges Beschnuppern Nase-Nase oder Nase-Anus.
- Soziales Spiel.
- Aggression: Anfauchen, Knurren, Pfotenhiebe, Verfolgen, Attackieren.

Der aktuelle Zustand der Beziehung sollte falls möglich mit dem früheren Zustand dieser individuellen Beziehung verglichen werden. Je mehr positive, freundliche Interaktionen noch oder schon wieder stattfinden, desto besser ist die Beziehung der Katzen und die Prognose zu bewerten.

Zwischen der freundlichen und der aggressiven Beziehung steht das neutrale Zusammenleben, bei dem so gut wie keine Interaktionen zwischen den Katzen stattfinden, solange sich diese aus dem Weg gehen können.

Bei Katzen, die noch nie in Körperkontakt beisammen gelegen sind, aber viel zusammen gespielt und sich regelmäßig begrüßt haben, darf Kontaktliegen nicht als Maß für die Qualität der Beziehung und den Erfolg der Behandlung angesehen werden.

Bei Katzen, die noch in der Distanzierungsphase sind, ist der erste Kontakt Nase – Nase oder Allomarkieren bereits als Erfolg anzusehen.

Ökosoziales System verändert?

Jede noch so kleine Veränderung im ökosozialen Lebensumfeld der Katze kann aggressive Symptome und Störungen in der Beziehung der Katzen verursachen. Häufige Auslöser für Störungen in Katzenbeziehungen sind Veränderungen in der sozialen Gruppe:

- Räumliche Struktur.
- Zeitliche Struktur.
- Soziale Struktur:
  - Menschen.
  - **Katzen.**
  - Andere Tiere.

Organische Differenzialdiagnosen

Organische Erkrankungen können zu vermehrter Reizbarkeit oder zu Unsicherheit und Angstzuständen führen. Beides kann Aggressivität auslösen (die erkrankte Katze wird zum Opfer) oder fördern (die erkrankte Katze wird zum Aggressor).

Jede auch nur geringfügige oder vorübergehende Erkrankung, Beeinträchtigung oder der natürliche Alterungsprozess kann zu veränderten sozialen Beziehungen unter Katzen führen.

Respekt für die ethologischen Bedürfnisse der Katzen?

Obwohl viele Katzen mit wenig Raum auskommen können, sind die angebotenen Ressourcen für die Lebensqualität der zusammenlebenden Katzen von entscheidender Bedeutung.
Die sozialen Bedürfnisse von Katzen und die Fähigkeiten mehrere soziale Beziehungen zu pflegen sind individuell sehr variabel.

- Anzahl der Katzen, Alter, Geschlecht, Status.
- Raumangebot (Fläche und Struktur).
- Katzenklo: Dieselbe Bestandsaufnahme wie bei Unsauberkeit (S. 32, S. 146).
- Anzahl der Ruhe- und Rückzugsplätze.
  - Lage in erhöhten Bereichen.
  - Lage im Bodenbereich.
  - Sichtschutz!
- Gibt es Ausweichmöglichkeit in Konfliktsituationen?
- Fütterungsmanagement restriktiv und kontrolliert oder ad libitum?
- Mehrere Futterplätze?
- Mehrere Wasserplätze?
- Kratzangebote?
- Interaktives Spiel?
- Fluchtmöglichkeiten?

Entwicklung der Katzen

Gibt es in der individuellen Ontogenese der Katzen Hinweise auf:

- Ein traumatisches Erlebnis? → bessere Prognose.
- Einzel-Handaufzucht oder ohne erwachsene erziehende Katzen → reservierte Prognose.
- Eine frühzeitige Trennung (vor der 7. Woche) von der Mutter und/oder Geschwistern → reservierte Prognose.
- Aufzucht in einer sozialen Gruppe → bessere Prognose.

Welche bisherigen Maßnahmen?

Die vom Besitzer bereits probierten Lösungsansätze sind von besonderem Interesse, weil sie eventuell zur Verschärfung des Problems beigetragen haben.

- Katzen wurden gegen ihren Willen zur Kontaktaufnahme gezwungen: zueinander hinhalten, zur Begrüßung zwingen.
- Katzen werden in der Kennenlernphase getrennt, weil sie fauchen oder knurren.
- Die fauchende oder knurrende defensive Katze wird als Aggressor angesehen und bestraft.
- Die aufgeschlossenere, aktive und mutige Katze wird als *ranghöher* oder *dominant* angesehen und deshalb bevorzugt behandelt, wie es für Hunde üblich ist.

Weitere Verhaltenssymptome?

Dem Untersuchungsgang folgend werden die weiteren Verhaltensbereiche erfasst und Symptome registriert.
Bei Aggression im Zwei- oder Mehrkatzenhaushalt sind mit hoher Wahrscheinlichkeit bei einer oder mehreren beteiligten Katzen auch weitere Symptome zu beobachten:

- Unsauberkeit!
- Harnmarkieren!
- Kratzmarkieren.
- Neurovegetative Symptome.
- Psychogene Alopezie.
- FIC.
- Defensive Verhaltensweisen.
- Depression.
- Etc.

Mögliche Diagnosen

An folgende psychische Störungen sollte beim Leitsymptom Aggression gegenüber Katzen bei einer und/oder beiden beteiligten Katzen vor allem gedacht werden:

- Territoriale Aggression als physiologisches Verhalten
- Angststörung bei zusammenlebenden Katzen (S. 188)
  - Akuter Beginn.
  - Langsamer Beginn.
- Einfache Phobie (S. 184).
- Generalisierte Angststörung (S. 185).
- Hyperaktivitätsstörung (S. 181).
- Angststörung aufgrund restriktiver Lebensbedingungen (S. 187).
- Unipolare Störung (S. 192).
- Dyssoziale Persönlichkeitsstörung (S. 198).
- Senile Demenz – kognitive Dysfunktion (S. 195).

Therapeutische Strategien

Therapeutische Strategien werden an die individuellen Möglichkeiten und Bedürfnisse des Besitzers und der Katze angepasst:

- Pheromontherapie (S. 142):
  - Feliway® Diffuseur.
  - Felifriend® Spray.
- Ökoethologische Therapien (S. 145):
  - Ressourcen im Überfluss schaffen.
    - Gleichmäßig verteilte Isolations- und Rückzugszonen mit Sichtschutz.
    - Mehrere Futterplätze.
    - Mehrere Wasserplätze.

    - Katzenklos in ausreichender Anzahl.
    - Erhöhte Aussichtsplätze.
  - Räumlich und/oder zeitlich getrennte Lebensbereiche für die Katzen schaffen.
  - Räumlich und/oder zeitlich sichere und stressfreie Strukturen für die Opferkatze einrichten:
    - Restriktive und beaufsichtigte Fütterung.
    - Interaktives ungestörtes Spiel.
    - Bevorzugte soziale Kontakte mit dem Besitzer.
- Kognitive Therapie und Reframing (S. 157)
  im Gespräch mit dem Besitzer:
  - Über den üblichen Verlauf einer Katzenbegegnung aufklären.
  - Beauftragen, die Körpersprache zu beobachten, anstatt sich einzumischen.
  - Katzen sind keine Hunde, daher ist der vermeintlich ranghöheren Katze **nicht** der Vorzug zu geben, sondern im Gegenteil die zurückhaltende, passive, ängstliche Katze ist durch soziale Kontakte zu unterstützen.
  - Strafen wie Anschreien, mit Wasser anspritzen werden in der Situation praktisch immer von der passiven, ängstlichen Katze auf sich bezogen und wirken daher kontraproduktiv und anxiogen.
- Verhaltenstherapien (S. 160):
  - Habituation.
  - Systematische Desensibilisierung.
  - Klassische Gegenkonditionierung.
  - Instrumentelle Gegenkonditionierung.
  - (Kontrollierte Reizüberflutung.)
- Spieltherapie (S. 171).
- Umplatzierung einer Katze (S. 179).
- Sonstige Maßnahmen (S. 178): Glöckchen oder Klangkugel am Halsband.
- Freilauf- oder Gehegehaltung.
- **Psychopharmaka:**
  Aggressive Symptomatik kann mit psychotropen Medikamenten beeinflusst werden. Die passive, ängstliche oder inhibierte Katze wird aktiver und selbstbewusster. Die produktive und aggressive Symptomatik der proaktiven Katze wird nach unten reguliert.
  Die Behandlungserfolge sind mit entsprechender medikamenteller Behandlung wesentlich besser und vor allem schneller zu erreichen (S. 137).

5.9 Hyperaktivität

Die Unterscheidung, ob es sich um eine aktive, aber unterbeschäftigte Katze oder um Hyperaktivität handelt, ist nicht immer ganz einfach und zweifelsfrei möglich. Es sind immer alle individuellen Eigenheiten sowie die Lebensbedingungen in die Beurteilung einzubeziehen.

Wichtig bei der Anamnese:

- Alter der Katze?
- Organische Differenzialdiagnosen abklären.
- Genaue Beschreibung des Symptoms.
- Schlafverhalten?
- Reaktion der Katze auf Fixation?
- Respekt für die ethologischen Bedürfnisse der Katze?
- Entwicklung der Katze.
- Weitere Verhaltenssymptome?

Alter der Katze?

Zwischen 4 und 10 Monaten haben Katzen ihre aktivste Lebensphase – Klagen über hyperaktives Verhalten in diesem Alter sind häufig.
Ältere Katzen über 12 bis 14 Jahre erscheinen manchmal hyperaktiv, weil sie aufgrund eines gestörten Tag-Nacht-Rhythmus in der Nacht umherwandern oder schreien.

Organische Differenzialdiagnosen abklären

Bei der älteren Katze kommt in erster Linie eine **Hyperthyreose** als organische Differenzialdiagnose in Betracht.

Genaue Beschreibung des Symptoms

- **Was genau sieht der Besitzer als hyperaktives Verhalten an?**
  - (Aggressives) Spielen.
  - Umgerichtetes Jagdverhalten.
  - Destruktives Verhalten.
  - Vokalisieren.
  - Kontaktsuche.
  - Etc.
- **Verlauf und Evolution des Symptoms:**
  - Schon bei Übernahme der Jungkatze, ab dem ersten Tag → Hyperaktivitätsstörung (S. 181).
  - Zyklischer Verlauf mit normalen Phasen von einigen Tagen oder Wochen dazwischen → Unipolare Störung (S. 192).

- **Wann tritt das Verhalten auf:**
  - Die meisten Katzen haben ihrer Raubtiernatur entsprechend in den frühen Morgen- und Abendstunden oder in der Nacht aktive Phasen von 15 bis 30 Minuten. Wildes Herumrasen zu diesen Zeiten für einige Minuten ist bei praktisch allen Wohnungskatzen zeitweilig zu beobachten.
  - Nächtliche Ruhestörungen sind unter Umständen darauf zurückzuführen, dass die Katze in der Abwesenheit des Besitzers tagsüber schläft und in der Nacht aktiv ist. Die gesamte Schlafdauer ist aber physiologisch.
  - Hyperaktive Katzen sind auch dann aktiv und in Bewegung, wenn andere Katzen ruhen oder schlafen.

Schlafverhalten

- Hyperaktive Katzen schlafen nur sehr wenig (unter 12 Stunden) und sind beim geringsten Reiz sofort hellwach und aktiv.
- Wenn es keine äußeren Reize gibt, können auch hyperaktive Katzen schlafen.

Reaktion der Katze auf Fixation?

Wie reagiert die Katze auf Fixation oder die Manipulation bei der klinischen Untersuchung:

- Hyperaktive Katzen reagieren sehr rasch und heftig aggressiv, wenn sie fixiert werden, weil sie sich nicht selbst kontrollieren und stillhalten können.
- Aktive und lebhafte Katzen, die nur unterfordert sind, können sich selbst kontrollieren und tolerieren die Fixation.

Respekt für die ethologischen Bedürfnisse der Katze?

Je restriktiver und reizärmer die Haltungsbedingungen desto augenscheinlicher wird hyperaktives Verhalten.

- Gibt es interaktive Spielphasen?
  - Welche Spiele?
  - Dauer?
  - Frequenz?
- Ausreichend Anregung in der Umwelt/Wohnung?
  - Aussichtsplätze?
  - Explorationsmöglichkeiten?
- Spielpartner und soziale Kontakte?
- Restriktive, Ad-libitum- oder aktive Fütterung?

Entwicklung der Katze

Gibt es in der individuellen Ontogenese der Katze Hinweise?

- Handaufzucht oder ohne erwachsene erziehende Katzen.
- Großer Wurf und Überforderung der Katzenmutter bei der Erziehung der Kitten.
- Aufzucht mit Freilaufmöglichkeit.

- Genetischer Hintergrund: Abstammung von freilebenden, jagdfreudigen, verwilderten oder hyperaktiven Elterntieren.

Weitere Verhaltenssymptome?

Dem Untersuchungsgang folgend werden die weiteren Verhaltensbereiche erfasst und Symptome registriert.
Aktives Verhalten bei jugendlichen und aktiven Katzen, die unterfordert sind (Haltungsbedingungen beziehungsweise Beschäftigung) ist als physiologisch anzusehen.

Hyperaktivität führt häufig zu weiteren Symptomen:
- Unsauberkeit bei Jungkatzen, weil Konzentration und Kontrolle nicht ausreichen, um das Katzenklo aufzusuchen.
- Aggression gegenüber Menschen und anderen Katzen.
- Angstsymptome, weil neben der motorischen auch die emotionale Selbstkontrolle fehlt.
- Hypervigilanz.
- Stereotype Verhaltensweisen.
- Rolling Skin.

Mögliche Diagnosen

An folgende Störungen ist bei hyperaktivem Verhalten vor allem zu denken:
- Hyperaktivitätsstörung (S. 181).
- Unipolare Störung (S. 192).
- Repetitive Störung (S. 194).
- Angststörung aufgrund restriktiver Lebensbedingungen (S. 187).
- Feline Hyperästhesie (S. 183).

Therapeutische Strategien

Therapeutische Strategien werden an die individuellen Möglichkeiten und Bedürfnisse des Besitzers und der Katze angepasst:
- Ökoethologische Therapien (S. 145):
  - Environment-Enrichment.
  - Ad-libitum-Fütterung.
  - Futterspiele.
  - Futter verstecken.
  - Fütterung mit Pipolino.
  - **Passende** Partnerkatze.
- Kognitive Therapie (S. 157) im Gespräch mit dem Besitzer:
  - *Katzen sind Raubtiere mit der Jagd als Hauptbeschäftigung. In der Wohnung müssen sie alternative Beschäftigungen bekommen.*
- Spieltherapie (S. 171).
- Freilauf- oder Gehegehaltung.

- Umplatzierung (S. 179).
- **Psychopharmaka:**
  Der Einsatz von Medikamenten ermöglicht und beschleunigt das Erlernen der motorischen und emotionalen Selbstkontrolle. Ausreichende Schlafphasen sind sowohl für den Besitzer als auch für die Katze notwendig (S. 137).

5.10 Depression

Ebenso wie die Angststörung ist die depressive Störung kein Einzelsymptom, sondern ein komplexer **pathologischer Zustand,** der mit verschiedenen Symptomen einhergeht.
Depressive Symptomatik ist einer der Hauptgründe, warum Katzen in der allgemeinmedizinischen Praxis vorgestellt werden.

Wichtig bei der Anamnese:
- Organische Differenzialdiagnosen abklären.
- Genaue Beschreibung des Symptoms.
- Ökosoziales System verändert?
- Weitere Verhaltenssymptome?

Organische Differenzialdiagnosen abklären

- Praktisch alle schwereren körperlichen Erkrankungen.
- Fieberhafte Erkrankungen.
- Chronische Virusinfektionen (FeLV, FIP, FIV).
- ZNS-Erkrankungen (Tumoren, Infektionen).
- Herzerkrankungen (HCMP).
- Blindheit (Netzhautablösung).
- Alle schmerzhaften Erkrankungen.

! Die Suche nach organischen Störungen sollte bei jeder depressiven Symptomatik immer an erster Stelle stehen.

Genaue Beschreibung des Symptoms

Bei vorrangig defizitärer (Hypo-)Symptomatik kann es schwierig sein, vom Besitzer eine brauchbare Beschreibung zu bekommen, denn die Katze *macht ja eben nichts.*

- **Körperhaltung** (S. 38): Beschreibung der vorherrschenden Körperhaltung, Ohren, Mimik, Fortbewegung, Lautäußerungen. Depressive Katzen bewegen sich wenig bis gar nicht und wenn, langsam und in eher niedriger Körperhaltung.
- **Aktivität:**
  Die lebensnotwendigen Aktivitäten sind auf ein Minimum reduziert.
  - Fressen.

  - Schlaf.
  - Spiel.
  - Körperpflege.
  - Aggression.
- **Zeitliche Entwicklung:**
  - Akut:
    - Rekonvaleszenz nach Trauma, Operation, schwerer Erkrankung.
    - Verlust eines Sozialpartners.
  - Chronisch:
    - Schleichender Verlauf durch chronische Stressfaktoren im ökosozialen System und bei Angststörungen.

Ökosoziales System verändert?

Verlust von Partnerkatzen oder anderen wichtigen Sozialpartnern ist ein häufiger Auslöser für depressive Störungen.

- Räumliche Struktur.
- Zeitliche Struktur.
- Soziale Struktur:
  - Menschen.
  - Katzen.
  - Andere Tiere.

Weitere Verhaltenssymptome

Depressive Symptomatik

- tritt bei praktisch allen schwereren organischen Erkrankungen auf und ist daher mit den jeweiligen körperlichen Symptomen kombiniert.
- kann als pathologischer Zustand der Stimmungslage (Stimmungslage ist ein hierarchisch sehr hoch angeordnetes psychobiologisches Element) mit zahlreichen Symptomen verbunden sein:
  - Hyperphagie und Adipositas.
  - Insomnie oder Hypersomnie.
  - Psychogene Alopezie.
  - Fehlendes oder stark reduziertes Putzverhalten.
  - Fehlende oder stark reduzierte Kratz- und Gesichtsmarkierungen.
  - Unsauberkeit.
  - Defensive Aggressionen, wie irritative Aggression oder Angstaggression.

Die Symptomatik wird weitgehend von der Akutheit oder Chronizität der Depression abhängen.

Mögliche Diagnosen

Im Zusammenhang mit folgenden psychischen Störungen kann Depression auftreten:

- Generalisierte Angststörung (S. 185).
- Deprivationssyndrom (S. 183).
- Angststörung bei zusammenlebenden Katzen (S. 188).
- Angststörung aufgrund von Deritualisation (S. 186).
- Depressive Störung (S. 191).
- Akutes posttraumatisches Stress-Syndrom (S. 190).
- Senile Demenz – kognitive Dysfunktion (S. 195).

Therapeutische Strategien

Therapeutische Strategien werden an die individuellen Möglichkeiten und Bedürfnisse des Besitzers und der Katze angepasst:

- Pheromontherapie (S. 142): Feliway® Diffuseur.
- Ökoethologische Therapien (S. 145):
  - Environment-Enrichment.
  - Futter verstecken.
  - Fütterung mit Pipolino.
- Spieltherapie (S. 171).
- Sonstige (S. 178):
  - Fellpflege.
  - Massage.
  - TellingtonTTouch®.
- **Psychopharmaka:**
  Bei Depressionen ist vor allem im Akutfall neben allgemeinen lebenserhaltenden Maßnahmen (parenterale Ernährung, Sondenfütterung) eine Therapie mit desinhibierenden, stimmungsaufhellenden und appetitanregenden Psychopharmaka notwendig.
  Bei chronischen Depressionen, die häufig mit lang andauernden Angststörungen verbunden sind, ist für das rasche Wiederherstellen der psychischen Lebensqualität medikamentelle Therapie von entscheidender Bedeutung (S. 137).

6 Psychopharmakologie

Die medikamentelle Behandlung psychischer Störungen beim Kleintier hat sich in den letzten Jahren sehr stark entwickelt.
Sind in älteren überwiegend amerikanischen Publikationen noch in erster Linie Benzodiazepine wie das Diazepam oder Progestagene als therapeutische Optionen zu finden, so beherrschen heute zunehmend modernere Moleküle wie der Monoaminooxidase-B-Hemmer Selegilin, trizyklische Antidepressiva und vor allem selektive Serotonin-Wiederaufnahme-Hemmer das Bild. Dennoch gibt es immer noch für keines dieser Medikamente eine Registrierung für die Katze und die Entscheidung für eine Extralabel-Anwendung liegt beim behandelnden Tierarzt.

6.1 Psychopharmaka – ja oder nein?

Der Einsatz psychotroper Medikamente wird manchmal als bequemer, ja sogar unethischer Weg in der Behandlung von Verhaltensstörungen angesehen. Einer der Gründe dafür ist die immer noch gängige Ansicht, dass psychische Störungen hauptsächlich und in erster Linie durch den Besitzer oder die Umwelt verursacht würden. Von diesem Standpunkt aus gesehen wäre das wichtigste Ziel einer Behandlung die Veränderung des Besitzers, der durch sein Verhalten und seine Unwissenheit am Leiden der Katze schuld ist.
Außerdem wird diesen Besitzern häufig unterstellt, dass sie „nur eine schnelle Pille zur Problembeseitigung" haben wollen und keinerlei Motivation für weitere therapeutische Maßnahmen vorhanden wäre. Dies hat sich in der langjährigen Praxis der Autoren nicht bestätigt – im Gegenteil: Besitzer, die bereit sind, über weite Strecken anzureisen und hundert oder mehr Euro für eine Konsultation zu bezahlen, sind hochmotiviert, ihrer Katze in jeder denkbaren Weise zu helfen.
Und selbst wenn sich in manchen Fällen die Behandlung allein auf die Medikamentengabe beschränken sollte, so wäre doch immerhin das Leben der Katze in ihrem gegebenen und offensichtlich nur schwer beeinflussbaren oder veränderbaren Umfeld wesentlich verbessert.
Es stellt sich daher die Frage, ob es nicht vielmehr für einen Tierarzt unethisch ist, diesen Katzen nicht mit allen ihm zur Verfügung stehenden Mitteln, und dazu gehören auch Psychopharmaka, zu helfen, *weil es ja doch nur an diesem unfähigen/unwilligen/dummen Besitzer liegt, und wenn der nur…* Es liegt an jedem, diesen eindimensionalen Standpunkt zu überprüfen und für sich eine Vorgehensweise zu finden, die dem tierärztlichen Auftrag und seinen fachlichen Möglichkeiten gerecht wird.
Wenn man zudem der Behandlung von Verhaltensstörungen ein medizinisches Modell zugrunde legt – und es gibt für einen Tierarzt eigentlich keinen vernünftigen Grund, das nicht zu tun – dann erscheint die gezielte Intervention in Transmitter-

systeme logisch und indiziert: Jedes Verhalten wird nur durch Neurotransmission ermöglicht.
Durch Modifikation der Neurotransmission verändert sich Verhalten. Mit einer Medikation können aber auch die höher gelegenen Psychels wie Stimmung, Emotion oder Kognition wesentlich besser und vor allem schneller beeinflusst werden, als durch eine an der Basis der Hierarchie ansetzende Verhaltenstherapie.

Die Medikation kann und soll in der Regel die anderen therapeutischen Techniken wie Pheromontherapie, ethologisches Reframing, ökoethologische Therapien oder Verhaltenstherapien nicht ersetzen. Es gibt jedoch zahlreiche Verhaltensstörungen wie instrumentalisiertes Harnmarkieren, Angststörungen oder OCSD, die sich überhaupt nur durch den Einsatz von Psychopharmaka in einem für die Katze und den Besitzer akzeptablen Zeitrahmen beeinflussen lassen.

Die einfachste Form der Verhaltenstherapie, die Habituation, findet immer auch ohne aktive Beteiligung des Besitzers statt. Bei der aufgrund einer Angststörung zum Lernen unfähigen Katze wird allein durch die Anxiolyse, ohne weitere Maßnahmen, Lernen durch Habituation stattfinden. In der Folge ändern sich zwangsläufig unzählige andere Faktoren im System (zum Beispiel entspannt sich der Besitzer, wenn er weiß, seine Katze wird therapiert) und neue flexiblere Anpassungsmechanismen können und werden sich etablieren.

! Die therapeutische Strategie sollte immer auf mehreren Säulen ruhen und die relativ rasche medikamentelle Erleichterung einer Verhaltensstörung ist ein nicht unwesentlicher motivierender Faktor, weil sie Ressourcen freigibt.

Psychische Erkrankungen sind für das Tier mit erheblichem Leiden verbunden und können für sein Überleben in seinem System, wie auch für die Umwelt, eine Gefahr darstellen.
Im Zentrum der Entscheidung für oder gegen den Einsatz eines Medikaments sollte daher immer das Tier mit seinen Symptomen und sein, durch eine psychische Erkrankung ausgelöster, unmittelbarer Leidensdruck, sowie die emotional befriedigende Mensch-Tier-Beziehung stehen. Dieses Leiden schnellstmöglich zu verringern, sollte das oberste Ziel jeder Behandlung sein.

! Der Auftrag an den **Tierarzt** ist niemals die Veränderung oder Therapie des Besitzers (und wenn es noch so notwendig erscheinen mag!), sondern immer die Behandlung der **Katze** und die Beseitigung ihres Leidensdruckes mit allen zur Verfügung stehenden Mitteln.

Die medikamentelle Therapie der Katze ist allerdings auch einer der größten Schwachpunkte in der Behandlung von Verhaltensstörungen: Ist es schon grundsätzlich für manche Besitzer schwierig, ihrer Katze Medikamente zu verabreichen, so kann es gerade in den Fällen, wo die Beziehung Mensch-Katze ohnehin schon gestört ist, unmöglich werden.
Hier wird ganz deutlich, dass jede tierärztliche Intervention nur so stark sein kann, wie das schwächste Glied in der Kette – die Konsultation wurde hervorragend ge-

führt, alle Symptome sind erhoben, eine korrekte Diagnose ist gestellt, ein Therapieplan erstellt, das richtige Medikament ausgewählt… aber es ist unmöglich, die Tabletten in die Katze zu bekommen.
Damit stellt gerade die medikamentelle Therapie der Katze den Verhaltensmediziner vor eine große Herausforderung – oder vor die Wahllosigkeit. In manchen Fällen wird es notwendig sein, einen Kompromiss zwischen einem optimalen Medikament und den Möglichkeiten der Verabreichung – niedrige Frequenz und Möglichkeiten der Gabe über das Futter – zu finden.

6.2 Neurotransmission

Die biochemischen Vorgänge im Zentralnervensystem sind außerordentlich viel komplexer als in jedem anderen System des Körpers.
Der Informationsaustausch im Zentralnervensystem erfolgt durch die Freisetzung von verschiedenen Transmitter-Molekülen in den synaptischen Spalt. An dieser Neurotransmission sind zahlreiche Vorgänge beteiligt:

- Synthese des Transmitters.
- Freisetzung des Transmitters.
- Interaktion mit den entsprechenden Rezeptoren.
- Regulation der freigesetzten Menge.
- Enzymatischer Abbau des Transmitters.
- Diffusion.
- Wiederaufnahme des Transmitter-Moleküls.

Durch Psychopharmaka können einzelne oder mehrere dieser Mechanismen beeinflusst werden.

Einige der wichtigsten Neurotransmitter sind die **γ-Amino-Buttersäure (GABA), Acetylcholin (ACh), Dopamin (DA), Noradrenalin (NA), Adrenalin (AD), Histamin (HA)** und **Serotonin (5-HT)**. Es gibt noch über hundert weitere verschiedene Neurotransmitter, Neuromediatoren, Neuromodulatoren, Neurohormone und laufend werden neue entdeckt.
Eine Nervenzelle beschränkt sich in ihren Synapsen nicht zwingend auf einen einzigen Transmitter. Es gibt Zellen, in denen zwei verschiedene Transmitter in Form der Co-Transmission Information übermitteln.

Wenn es von einem pharmakologischen Wirkstoffmolekül Hypothesen über den Wirkmechanismus gibt, so betrifft das in der Regel einen speziellen Rezeptor an der ersten, eventuell noch an der zweiten Synapse einer weitreichenden Vernetzung und langen Reaktionskette quer durch das Zentralnervensystem. Welche Vorgänge und Rezeptoren danach involviert sind ist unbekannt. Letztendlich gibt es nur wenig sichere Informationen und viele Hypothesen darüber, was genau auf der Rezeptorebene geschieht.

6.3 Auswahl von Psychopharmaka

Alle diese Hypothesen zu Transmissionsvorgängen, Rezeptoren und deren Untertypen zu kennen ist zwar interessant, aber in der Praxis für die Auswahl eines passenden Medikaments nicht unbedingt erforderlich. Die Auswahl eines Medikaments nach den hypothetischen neurophysiologischen Wirkmechanismen ist sehr kompliziert, und gleichzeitig wird ein hochkomplexes Informationssystem simplifiziert und auf die Erste von Dutzenden folgenden Synapsen reduziert. Zwei SSRI (selektive Serotonin-Wiederaufnahme-Hemmer), wie Fluoxetin und Sertralin, erhöhen beide durch Hemmung der Wiederaufnahme das Serotonin im synaptischen Spalt und können durchaus unterschiedliche Effekte haben.
In der täglichen Praxis ist es daher einfacher, sich bei der Auswahl eines Medikaments an einem **symptomatischen Modell** zu orientieren.
Wenn von einem Medikament bekannt ist, welche Effekte es auf bestimmte Symptome hat oder nicht hat, bestimmen die in der Konsultation erfassten Symptome die Auswahl (S. 137).
Das vereinfacht die Entscheidung, denn ein Psychopharmakon wird somit nach seinen klinischen Effekten auf bestimmte Symptome und nicht nach Hypothesen ausgesucht. Diese Methode ist rein empirisch. Es gibt bisher nur wenige klinische Studien für verschiedene Medikamente bei der Katze (z. B. für Clomipramin, Selegilin, Fluoxetin und einige andere), aber eine gewisse Anzahl von Publikationen über klinische Erfahrungen und anekdotische Fallberichte.

Die von spezialisierten Verhaltensmedizinern in der Praxis bei der Katze angewendeten Präparate sind zudem auf einige wenige limitiert. Die Entscheidung wird dadurch noch einmal vereinfacht (Tab. 6.1).

Tab. 6.1 Übersicht über die wichtigsten bei der Katze eingesetzten Psychopharmaka.

Benzodiazepine (BZD)	■ Alprazolam ■ Diazepam
Azapirone	■ Buspiron
Trizyklische Antidepressiva (TCA)	■ Amitriptylin ■ Clomipramin
Selektive Serotonin-Wiederaufnahme-Hemmer (SSRI)	■ Fluoxetin ■ Fluvoxamin ■ Sertralin
Monoaminooxidase-B-Hemmer (MAOI-B)	■ Selegilin
Tetrazyklische Antidepressiva	■ Mianserin
Sonstige	■ Cyproteronacetat

6.4 Einteilung von Psychopharmaka

Es gibt verschiedene Möglichkeiten, psychotrope Medikamente zu klassifizieren.
Eine Einteilung nach den wichtigsten oder ursprünglichen humanmedizinischen Indikationen wie Anxiolytika, Antidepressiva oder Antipsychotika entspricht nicht unbedingt den veterinärmedizinischen Indikationen und kann verwirrend sein.
Bei einer Klassifikation nach Struktur und/oder Wirkmechanismus hat man Gruppen von Medikamenten wie zum Beispiel Benzodiazepine, SSRI oder trizyklische Antidepressiva. Das hilft einerseits, weil man innerhalb einer Gruppe zu einem anderen ähnlichen Medikament, aber einem etwas anderen Profil wechseln kann. Andererseits kann man ganze Gruppen vermeiden, wenn die unerwünschten gruppenspezifischen Nebenwirkungen vermieden werden sollen. So kann man bei der Katze innerhalb der Benzodiazepine von Diazepam zu Alprazolam oder Oxazepam wechseln, wenn das Erstere zu stark sedierend wirkt oder leberbelastende Metaboliten umgangen werden sollen. Wenn aufgrund einer bestehenden Neigung zu Harnretention anticholinerge Nebenwirkungen unerwünscht sind, kann die ganze Gruppe der trizyklischen Antidepressiva zugunsten eines SSRI hintangestellt werden.

6.5 Beschreibung der wichtigsten Gruppen

Benzodiazepine

Benzodiazepine (BZD) binden an den Benzodiazepin-Rezeptoren, die mit den GABA-A-Rezeptoren verbunden, aber von diesen unterscheidbar sind. Sie potenzieren damit die Wirkung des bedeutendsten hemmenden Neurotransmitters GABA.
Die wichtigsten Wirkungen der BZD sind:

- Antikonvulsiv.
- Sedierend.
- Anxiolytisch.
- Desinhibierend.
- Muskelrelaxierend.
- Führen zu Toleranz und Abhängigkeit.
- Beeinträchtigen in höherer Dosis das Kurzzeitgedächtnis.

Alle BZD haben diese Eigenschaften, aber das Ausmaß variiert von Molekül zu Molekül und mit der Dosis.
Die Wirkung tritt sehr rasch ein und die Halbwertszeit bei der Katze ist kurz (z. B. Diazepam 5,5 Stunden). Das macht sie zur idealen Medikation für spezifische Anlässe, aber bei längerfristiger Therapie müssen die Medikamentengaben häufig erfolgen, um einen gleichmäßigen Wirkstoffspiegel zu erreichen.
Nach einer Therapiedauer von mehr als einer Woche muss langsam ausgeschlichen werden.

Bei der Verordnung von BZD sollte auf ein eventuelles Suchtpotenzial auf seiten der Besitzer geachtet und nur Kleinmengen abgegeben werden!

Alprazolam

Alprazolam ist ein hochwirksames BZD mit schnellem Wirkungseintritt innerhalb einiger Minuten bis zu einer Stunde. Es hat weniger sedierende, muskelrelaxierende und desinhibierende Wirkung als Diazepam. Das Risiko von idiopathischen Leberzellnekrosen bei der Katze ist geringer, weil es nur über einen Metaboliten verstoffwechselt wird.
Indikationen: Phobien, schmerzbedingte Aggression, Angstzustände, Harnmarkieren, defensive Aggression gegen Katzen (mit Vorsicht: für die passive, inhibierte Katze), Unsauberkeit, wenn durch Angststörung verursacht.
Kombinationen: Clomipramin, SSRI.
Nebenwirkungen: Paradoxe Reaktionen mit Hyperexzitation (eventuell zu hohe Dosierung), Ataxien, Angstzustände, Halluzinationen, Kurzzeitgedächtnis beeinträchtigt, Desinhibition, Aggression.
Kontraindikationen: Aggressivität, Leberschäden. Cave bei Hypoproteinämie, Nierenerkrankungen, Adipositas.
Dosierung: 0,01–0,1 mg/kg 1–2 × täglich.
Anmerkungen: Bei aggressiver Symptomatik ist der Einsatz von BZD wegen der möglichen Desinhibition sozialer Hemmungen grundsätzlich nur nach sorgfältigem Abwägen der Vor- und Nachteile einzusetzen. Obwohl die Wirkung sehr schnell eintritt, sind die anxiolytischen Effekte besser, wenn BZD 1 bis 2 Tage hintereinander eingesetzt werden.
Die Dosierungsbreite ist groß und muss individuell angepasst werden, indem man mit einer niedrigen Dosis beginnt und erhöht, bis der gewünschte Effekt ohne Nebenwirkungen wie Ataxie oder Sedierung erreicht ist. Eine niedrige Dosis wirkt emotional beruhigend und anxiolytisch, eine mittlere Dosis hat anxiolytischen Effekt und hohe Dosen wirken hypnotisch und verursachen Muskelrelaxation und Ataxie.
Alprazolam sollte nicht plötzlich abgesetzt werden, um einen Rebound-Effekt mit verstärkter Rückkehr der Angstsymptomatik zu vermeiden.
Handelsname: Xanor®, Xanax®.

Diazepam

Diazepam war eines der ersten Medikamente, das bei Verhaltensstörungen bei der Katze eingesetzt wurde.
Wegen des Nebenwirkungsprofils und den zwar seltenen, aber tödlichen Fällen von idiopathischen Hepatopathien hat das Diazepam seine Bedeutung für die Therapie verloren.
Indikationen: Epilepsie, Appetitanregung. Sonst im Prinzip wie Alprazolam, aber nur als letzte Wahl.
Nebenwirkungen: Paradoxe Reaktionen mit Hyperexzitation, Ataxien, Halluzinationen, Kurzzeitgedächtnis beeinträchtigt, Desinhibition, Aggression.

Kontraindikationen: Aggressivität, Leberschäden, Katzen mit Freilauf. Cave bei Adipositas.
Dosierung: 0,2–0,4 mg/kg 2 × täglich.
Anmerkungen: Diazepam muss nach längerer Therapiedauer ausgeschlichen werden. Wenn es gegen Harnmarkieren eingesetzt wurde, sind Rezidive nach dem Absetzen zu erwarten.
Handelsname: Valium®, Gewacalm®.

Andere Benzodiazepine

Oxazepam

Hat keine Metaboliten, daher auch für ältere Katzen gut geeignet. Appetitanregung, schlaffördernd.
Dosierung: 0,2–0,5 mg/kg (max. 2,5 mg pro Katze) 1–2 × täglich.
Handelsname: Adumbran®, Praxiten®.

Azapirone

Der einzige Vertreter dieser Gruppe ist das milde Anxiolytikum Buspiron.

Buspiron

Buspiron wirkt an prä- und postsynaptischen Serotoninrezeptoren als Agonist beziehungsweise teilweiser Agonist und hat auch dopaminerge Effekte. Es hat eine kurze Halbwertszeit und muss daher 2- oder 3-mal täglich gegeben werden. Bis zur vollen Wirkung dauert es 1 bis 2 Wochen.
Die wichtigsten Wirkungen sind:
- Mild anxiolytisch.
- Nicht sedierend.
- Keine Beeinträchtigung des Gedächtnisses.
- Keine Gleichgewichtsstörungen.
- Keine Abhängigkeit.

Indikationen: Harnmarkieren, Angstzustände, Angststörung bei zusammenlebenden Katzen (mit Vorsicht: für die passive Katze), Angstzustände bei alten Katzen; Unsauberkeit, wenn durch Angststörung verursacht.
Nebenwirkungen: Aggression bei zusammenlebenden Katzen, sehr selten gastrointestinale Nebenwirkungen.
Kontraindikationen: ?
Dosierung: 0,5–1 mg/kg 2 × täglich.
Anmerkungen: Buspiron verursacht keine Abhängigkeit und kann daher ohne Ausschleichen abgesetzt werden. Es hat kein Suchtpotenzial für Besitzer.
Handelsname: Buspar®, Bespar®.

Trizyklische Antidepressiva

Trizyklische Antidepressiva (TCA) sind ähnlich wie die BZD schon einige Jahrzehnte in der Humanmedizin im Einsatz.
Der Wirkmechanismus ist die nichtselektive Hemmung der Wiederaufnahme von Serotonin und Noradrenalin aus dem synaptischen Spalt zurück in die Synapse. Dadurch bleiben die jeweiligen Transmitter länger an ihrem Wirkort. Welcher Transmitter mehr beeinflusst wird variiert von Molekül zu Molekül.
Die anticholinerge Wirkung ist für die Nebenwirkungen der TCA verantwortlich: Mundtrockenheit, Mydriasis, Harnretention, Konstipation, erhöhte Herzfrequenz.
Die Harn- und Kotabsatzfrequenz sollte unter der Therapie mit TCA überwacht werden.
Daneben haben TCA noch antihistaminerge, α1-adrenerge und analgetische Wirkungen.
Wegen der Gefahr eines Serotonin-Syndroms dürfen TCA nicht mit dem Monoaminooxidase-B-Hemmer Selegilin (S. 134) kombiniert werden.
TCA sollten nach längerer Anwendung ausgeschlichen werden.

Amitriptylin

Amitriptylin hemmt die Wiederaufnahme von Adrenalin und Serotonin gleichermaßen. Es hat gute analgetische und antihistaminerge, somit auch sedierende Wirkung. Die anticholinergen Effekte sind stark. Analgetische Effekte bei Blasenschmerzen sind nach 15 bis 30 Minuten zu beobachten, die sedierende Wirkung bei Hyperzuständen nach einigen Stunden. Bis die volle angstlösende Wirkung erreicht ist dauert es 3 bis 6 Wochen.
Indikationen: FIC, Harnmarkieren, Angstzustände, Hyperzustände, psychogene Alopezie, Aggression, Vokalisieren.
Nebenwirkungen: Anticholinerge Effekte wie Mundtrockenheit, Harnretention, Konstipation; Tachykardie, Arrhythmie; Sedierung.
Kontraindikationen: Glaukom, Herzerkrankungen (Arrhythmien, Überleitungsstörungen), epileptiforme Erkrankungen. Keine Kombination mit Selegilin.
Dosierung: 0,25–0,5 mg/kg 1 × täglich, vorzugsweise abends.
Anmerkungen: Auf Harn- und Kotabsatz achten! Ausschleichen ist erforderlich, um Rückfälle zu vermeiden.
Handelsname: Tryptizol®, Saroten®.

Clomipramin

Clomipramin ist ein nichtselektiver Wiederaufnahmehemmer für Serotonin und nur in geringem Ausmaß für Adrenalin. Es wirkt weniger sedierend als Amitriptylin, aber auch antihistaminerg und analgetisch. Eine sedierende Wirkung tritt nach wenigen Stunden ein, der gute Effekt auf Harnmarkieren ist wahrscheinlich aufgrund der anticholinergen Wirkung nach wenigen Tagen bis einer Woche zu sehen. Bis zur vollen anxiolytischen Wirkung dauert es 3 bis 6 Wochen.

Indikationen: Harnmarkieren, Angstzustände, psychogene Alopezie, FIC, Aggression, Vokalisieren, obsessiv-kompulsive Störungen, trennungsbedingte Störungen/abhängige Persönlichkeit, Hyperästhesie.
Nebenwirkungen: Anticholinerge Effekte wie Mundtrockenheit, Harnretention, Konstipation; Tachykardie, Arrhythmie; Sedierung.
Kontraindikationen: Glaukom, Herzerkrankungen (Arrhythmien, Überleitungsstörungen), epileptiforme Erkrankungen. Keine Kombination mit Selegilin.
Dosierung: 0,2–0,5 mg/kg (max. 1 mg/kg) 1 × täglich, vorzugsweise abends. Bei defizitärer Symptomatik ist eine niedrige, antriebssteigernde Dosis, bei produktiver Symptomatik eine etwas höhere Dosis zu empfehlen.
Anmerkungen: Auf Harn- und Kotabsatz achten! Ausschleichen ist erforderlich, um Rückfälle zu vermeiden.
Schmeckt bitter und kann nicht immer mit dem Futter gegeben werden.
Handelsname: Clomicalm®.

Andere TCA

Imipramin

War das erste Antidepressivum und wird als Referenzsubstanz eingesetzt. Die Wiederaufnahme von Noradrenalin wird etwas stärker als die von Serotonin gehemmt. Einsatz in der Humanmedizin bei Enuresis und Narkolepsie. 0,25–0,5 mg/kg 1 bis 2 × täglich.

Doxepin

Hemmt stärker die Wiederaufnahme von Noradrenalin, gut antihistaminerg und analgetisch, sedierende und antiproduktive Wirkung. 0,25–0,5 mg/kg 1 bis 2x täglich.

Selektive Serotonin-Wiederaufnahme-Hemmer

Selektive Serotonin-Wiederaufnahme-Hemmer (SSRI) wirken noch spezifischer und selektiver auf das serotonerge System als die TCA und sind damit sehr gute Modulatoren für die Stimmungslage und viele grundlegende Funktionen wie Sättigung, Kognition oder Aggression. Auch die SSRI unterscheiden sich trotz ihres grundlegend gleichen Wirkmechanismus voneinander. Sie verursachen keine oder nur in Ausnahmefällen anticholinerge Nebenwirkungen (Ausnahme: Paroxetin). Die wichtigsten Nebenwirkungen betreffen den Gastrointestinaltrakt (Inappetenz, Erbrechen, Nausea, Durchfall) oder sind durch die Effekte auf das Zentralnervensystem bedingt: Sedierung, Unruhe, Reizbarkeit, Schlaflosigkeit, Ängstlichkeit. Um Nebenwirkungen zu vermeiden, empfiehlt sich eine einschleichende Dosierung über einige Tage. Unter der Therapie mit SSRI müssen vor allem am Beginn die Futter- und Wasseraufnahme sowie der Harn- und Kotabsatz kontrolliert werden.

Wegen der Gefahr eines Serotonin-Syndroms dürfen SSRI nicht mit dem Monoaminooxidase-B-Hemmer Selegilin (S. 134) kombiniert werden.
SSRI müssen am Ende der Therapie ausgeschlichen werden.

Fluoxetin

Fluoxetin wirkt nur auf die Wiederaufnahme von Serotonin, das dadurch länger und in höherer Konzentration im synaptischen Spalt bleibt. Fluoxetin wirkt über seinen Metaboliten lange (Halbwertszeit beim Menschen ist rund eine Woche) und hat über seinen Metaboliten Norfluoxetin auch bei der Katze eine relativ lange Halbwertszeit von 55 Stunden. Fluoxetin reduziert die Impulsivität und wirkt dadurch aggressionsmindernd.
Indikationen: Harnmarkieren, Aggression, repetitive und obsessiv-kompulsive Störungen, Hyperphagie und Adipositas, Hyperaktivität, Angststörungen, psychogene Alopezie, Hyperzustände, chronische Depression.
Nebenwirkungen: Anorexie, Erbrechen, Unruhe, Gereiztheit, Harnretention, Schlaflosigkeit, Sedierung.
Kontraindikationen: Cave bei schlecht fressenden Katzen, FLUTD oder FIC in der Anamnese. Individuelle Unverträglichkeit ist möglich.
Dosierung: 0,5–1 mg/kg (maximal bis 2 mg/kg) 1 × täglich. Kann über das Futter verabreicht werden. Da es sich um ein Humanpräparat handelt, sollten die Kapseln in der Apotheke für die Katze entsprechend umgearbeitet werden. Die flüssige Formulierung enthält Alkohol und ein Geschmackskorrigens, das die Akzeptanz sehr beeinträchtigt.
Anmerkungen: Auf Futter- und Wasseraufnahme sowie Harn- und Kotabsatz achten! Am Ende der Therapie ausschleichen.
Handelsname: Fluctine®, Felicium®.

Fluvoxamin

Fluvoxamin wirkt neben dem Serotoninsystem auch auf dopaminerge Rezeptoren. Es hat eine kürzere Halbwertszeit und verursacht weniger gastrointestinale, keine anticholinergen Nebenwirkungen. Fluvoxamin reduziert wie Fluoxetin die Impulsivität und Aggressivität, fördert Schlaf und die REM-Phase.
Indikationen: Harnmarkieren, Aggression, Hyperaktivität, Vokalisieren, Hyperzustände, repetitive und obsessiv-kompulsive Störungen, Schlafstörungen, Angststörungen.
Nebenwirkungen: Sedierung, Inappetenz, Erbrechen.
Kontraindikationen: Cave bei schlecht fressenden Katzen.
Dosierung: 0,5–3 mg/kg 1 × täglich. Kann mit dem Futter verabreicht werden. Einschleichend dosieren, um Inappetenz und Sedierung zu vermeiden. Die Tabletten aus der Humanmedizin sollten in der Apotheke für die Katze entsprechend in Kapseln umgearbeitet werden.
Anmerkungen: Auf Futter- und Wasseraufnahme sowie Harn- und Kotabsatz achten! Am Ende der Therapie ausschleichen.
Handelsname: Floxyfral®.

Sertralin

Obwohl auch Sertralin ein SSRI ist, unterscheidet sich das Wirkspektrum deutlich von Fluoxetin oder Fluvoxamin.
Bei Sertralin sind kaum Nebenwirkungen zu beobachten, es erhöht meistens den Appetit. Es wirkt sehr gut angstlösend und fördert die Exploration.
Indikationen: Phobien, Angstzustände, Harnmarkieren, repetitive und obsessiv-kompulsive Störungen, Schlafstörungen, Hypozustände, akute und chronische Depressionen.
Nebenwirkungen: Erbrechen.
Kontraindikationen: Cave bei aggressiver Symptomatik.
Dosierung: 0,5–3 mg/kg 1 × täglich (oder auf 2 Tagesdosen verteilen). Die Tabletten aus der Humanmedizin sollten in der Apotheke für die Katze entsprechend in Kapseln umgearbeitet werden. Kann mit dem Futter verabreicht werden.
Anmerkungen: Am Ende der Therapie ausschleichen, um Rückfälle und Entzugserscheinungen zu vermeiden.
Handelsname: Gladem®.

Andere SSRI

Paroxetin

Hat anticholinerge Effekte.
Dosierung: 0,25–0,5 mg/kg 1 × täglich.

Citalopram

Wirkt beim Hund desinhibierend und kann Aggression auslösen; es gibt keine Daten für die Katze.

Tetrazyklische Antidepressiva

Mianserin

Mianserin blockiert die präsynaptischen Alpharezeptoren und die postsynaptischen Serotonin- und Histaminrezeptoren. Es hat keine anticholinergen Wirkungen. Es wirkt desinhibierend und verbessert Hypozustände. Mianserin sollte nicht länger als 2 bis 3 Wochen eingesetzt werden, da es bei längerer Anwendung zu Hypervigilanz und Angstattacken kommen kann. Der appetitanregende Effekt ist in wenigen Minuten bis Stunden zu beobachten.
Indikationen: Alle inhibierten und Hypozustände, akutes posttraumatisches Stress-Syndrom, akute und chronische Depression, Appetitanregung, Rekonvaleszenz, Hypersomnie.
Nebenwirkungen: Vokalisieren, Agitiertheit, Desinhibition.
Kontraindikationen: Aggressive Symptomatik.

Dosierung: 0,5–2 mg/kg 2 × täglich.
Anmerkungen: Kombination mit Sertralin oder Selegilin ist möglich, nach 2 bis 3 Wochen Mianserin absetzen.
Handelsname: Tolvon®.

Monoaminooxidase-Hemmer

Selegilin

Selegilin ist ein irreversibler Monoaminooxidase-B-Hemmer (MAOI-B), der auf den enzymatischen Abbau von Dopamin wirkt und die Wiederaufnahme von Dopamin und Noradrenalin hemmt. Es hat außerdem neuroprotektive Wirkung, indem es die Wirkung der Superoxiddismutase und der Katalase fördert. Die Halbwertszeit von Selegilin beträgt zwar nur einige Minuten, aber die Enzymhemmung ist irreversibel. Die Absorption aus dem Gastrointestinaltrakt erfolgt sehr rasch, erste Effekte können bei Hyperaktivität eventuell schon nach Minuten beobachtet werden, bis zur vollen Wirkung auf die Stimmung und Emotionen kann es einige Wochen dauern.
Bei hyperaktiven Individuen bewirkt Selegilin eine paradoxe Beruhigung, bei gehemmten Individuen eine psychomotorische Aktivierung.
Selegilin stabilisiert Stimmung und Emotionen und fördert die Exploration. Defensive und autonome Reaktionen werden reduziert, die Motivation und Lernfähigkeit sowie der Appetit werden erhöht.
Indikationen: Deprivationssyndrom, Angstzustände mit psychomotorischer Inhibition, akute und chronische Depression, psychogene Alopezie, repetitive und obsessiv-kompulsive Störungen, Angstzustand bei zusammenlebenden Katzen (für beide Katzen in der zweiten Phase), kognitive Dysfunktion, Schlafstörungen bei älteren Katzen, Hyperaktivitätsstörung, psychogene Kolitis.
Nebenwirkungen: Sehr selten Erbrechen oder Durchfall.
Kontraindikationen: Keine gemeinsame Anwendung mit TCA oder SSRI.
Dosierung: 1 mg/kg 1 × täglich, vorzugsweise morgens oder mittags.
Anmerkungen: Selegilin ist sehr bitter und kann nicht über das Futter, sondern nur direkt gegeben werden.
Handelsname: Selgian®, Cognitiv®, Selegilin®.

Weitere psychotrope Medikamente

Hormone

Cyproteronacetat

Cyproteronacetat ist ein Antiandrogen mit progestagenen und antigonadotropen Effekten. Es hat eine zentrale nichtspezifische sedierende und antiaggressive Wirkung.

Indikationen: Reduktion sexuell motivierter Verhaltensweisen, auch bei kastrierten Katern, Aggression.
Nebenwirkungen: Appetitsteigerung, Sedierung, Blutbildveränderungen.
Kontraindikationen: Hepatopathie, Zuchteinsatz.
Dosierung: 2–5 mg/kg für 1 bis 5 Tage.
Handelsname: Androcur®.

Gestagene

Gestagene haben ihre Bedeutung für die Verhaltensmedizin verloren, da es wesentlich wirksamere und spezifische Alternativen mit geringen Nebenwirkungen gibt. Der Einsatz bei Verhaltensstörungen sollte daher nur als letzte Wahl vor einer Euthanasie in Erwägung gezogen werden.
Indikationen: Nach anderen Therapien refraktäres Harnmarkieren bei **kastrierten Katern.**

Neuroleptika

Als Neuroleptika wird eine Gruppe unterschiedlicher Medikamente mit einem spezifischen Wirkspektrum bei Psychosen zusammengefasst. Der therapeutische Effekt ist eine Reduktion psychomotorischer Erregungszustände durch Beeinflussung des Dopamin- und Serotoninstoffwechsels.
Für die Verhaltensmedizin bei der Katze haben Neuroleptika wenig bis keine Bedeutung, da es bessere Alternativen gibt.
In Einzelfällen kann ein niedrigpotentes Neuroleptikum in Kombination mit einem TCA oder SSRI sinnvoll sein, wenn die psychomotorische Aktivität nicht anders kontrollierbar ist. Die Sedierung wirkt sich allerdings nachteilig auf das Lernvermögen aus.
Niedrige Dosierungen können enthemmend wirken und Aggression auslösen, hohe Dosierungen verursachen Konfusion, Ataxie und Kreislaufbelastung. Die individuelle Empfindlichkeit auf Neuroleptika variiert sehr stark.

Acepromazin

Phenothiazin, Einsatz als Prämedikation oder Anästhesie.

Pipamperon

Butyrophenon, in Kombination mit SSRI oder TCA bei Aggression.

6.6 Dauer und Ende der medikamentellen Therapie

Die medikamentelle Therapie wird solange durchgeführt bis eine zufriedenstellende und stabile Besserung über 1 bis 3 Monate erreicht ist.
Theoretisch nimmt die Katze am Ende der Medikation ihre genetisch und strukturell programmierten Verhaltensweisen wieder auf, wenn sie keine neuen Strategien gelernt hat. In der Praxis ist das nicht immer der Fall, denn Lernen funktioniert auch ohne spezifische Therapie wie zum Beispiel bei der Habituation.
Man kann empirisch 3 Behandlungszeiträume mit unterschiedlichen Effekten einteilen:

- Kurze Behandlungsdauer zwischen wenigen Wochen und unter 6 Monaten bei ausschließlicher Beeinträchtigung von Verhalten und neurovegetativen Reaktionen.
- Mittlere Behandlungsdauer für rund 6 Monate bei Störungen auf der Ebene der Emotion, Kognition und Perzeption.
- Langfristige Behandlung über 6 Monate bei Störungen der Stimmung oder genetisch und strukturell programmiertem Verhalten (Harnmarkieren, obsessiv-kompulsive Störungen).

Einige Medikamente müssen am Ende der Therapie ausgeschlichen werden, um eine möglicherweise verstärkte Rückkehr der Symptome zu vermeiden.
Die Dosisreduktion ergibt sich aus der Behandlungsdauer:
Als **Grundregel** gilt: Pro Monat Therapie wird eine Woche ausgeschlichen – das heißt nach 4 Monaten Medikation wird die Dosis über 4 Wochen reduziert.
Bei Fluoxetin sollte der Entwöhnungsprozess auf 2 Wochen pro Therapiemonat erhöht werden.
Selegilin und Buspiron können sofort abgesetzt werden, es ist kein Ausschleichen notwendig.

6.7 Transdermale Applikation

Die transdermale Applikation von Psychopharmaka wäre besonders bei schwierigen und unkooperativen Katzen, die sich keine Medikamente eingeben lassen, ein großartiger Lösungsansatz. Die Ergebnisse der bisherigen Untersuchungen mit der transdermalen Applikation von Fluoxetin, Amitriptylin und Buspiron im Vergleich zur oralen Gabe sind allerdings noch nicht so vielversprechend. Solange weitere Daten zur Pharmakokinetik bei der Katze fehlen, muss diese Applikation sowohl hinsichtlich der Wirksamkeit, als auch was die Sicherheit betrifft, als unsicherer Weg angesehen werden.
Bei Medikamenten mit einem hohen First-pass-Effekt könnten durch die Umgehung der Leber zu hohe oder toxische Plasmaspiegel erreicht werden. Bei zu niedriger Verfügbarkeit ist wiederum die Wirkung fraglich. Bei längerfristiger Verabreichung kann es durch das Transportmedium zu Hautreizungen an der bevorzugten Applikationsstelle an der Ohrinnenseite kommen.

6.8 Entscheidungshilfen

Die Auswahl von Psychopharmaka erfolgt am einfachsten nach der vorherrschenden Symptomatik (Tab. 6.2).
Eine erste Hilfe bei der Entscheidung ist die Einteilung von Symptomen oder Zuständen nach den folgenden Kriterien:

- **Hyper:** Der Zustand oder die Symptome sind produktiv, es gibt ein Zuviel an Verhalten oder Schaden wie zum Beispiel Hyperaktivität, Destruktion, Hypervigilanz, Vokalisieren, Aggression, etc.
- **Hypo:** Der Zustand oder die Symptome sind defizitär, es gibt ein Zuwenig an Verhalten und Hemmung wie zum Beispiel fehlende Exploration, Depression, Hypovigilanz, Inhibition, etc.
- **Dys:** Der Zustand ist alternierend zwischen hyper und hypo, Stimmungsschwankungen, oder nicht eindeutig erkennbar.

Tab. 6.2 Auswahl von Psychopharmaka nach dem vorherrschenden Zustand.

Zustand	Psychopharmaka
Hyper	Fluoxetin (höhere Dosis), Fluvoxamin, Clomipramin, Amitriptylin, Selegilin, Sertralin
Hypo	Mianserin, Sertralin, Selegilin, Fluoxetin (niedrige Dosis), Clomipramin (niedrige Dosis)
Dys	Selegilin

Einige Psychopharmaka sind biphasisch, das heißt sie sind in Abhängigkeit von der Dosis antiproduktiv oder antidefizitär.
Individuelle Besonderheiten und Ansprechbarkeit beeinflussen natürlich die Wirksamkeit.

Die zweite Hilfe bei der Entscheidung für ein Medikament ist das Repertorium in Tab. 6.3.

Tab. 6.3 Repertorium der wichtigsten Symptome und der dazu passenden Medikation.

Symptom	Medikament
Aggression, defensive/reaktive	Amitriptylin, Clomipramin, Fluoxetin, Fluvoxamin, Selegilin, Sertralin (eingeschränkt)
Aggression, offensive/proaktive	Amitriptylin, Clomipramin, Fluoxetin, Fluvoxamin
Aggression, schmerzbedingte	Alprazolam, Amitriptylin, Clomipramin
Alopezie	Amitriptylin, Clomipramin, Selegilin
Angstzustand, chronischer	Siehe Stimmung, ängstliche
Elimination, Unsauberkeit, angstbedingte	Alprazolam, Amitriptylin, Buspiron, Clomipramin, Diazepam, Selegilin
Emotion, Schwierigkeiten wieder Ruhe zu finden	Selegilin, Sertralin
Erbrechen, psychisch bedingtes	Selegilin
Exploration, inhibierte	Selegilin, Sertralin
Feline interstitielle Zystitis	Amitriptylin, Clomipramin
Futteraufnahme, Hyporexie oder Anorexie	Diazepam, Mianserin, Oxazepam, Selegilin
Futteraufnahme, Hyperphagie	Clomipramin, Fluoxetin, Fluvoxamin
Futteraufnahme, Pica	Clomipramin, Fluoxetin, Fluvoxamin
Hyperästhesie	Amitriptylin, Clomipramin, Fluoxetin
Hyperattachment	Clomipramin, Sertralin
Hypervigilanz	Alprazolam, Amitriptylin, Clomipramin, Fluoxetin, Fluvoxamin, Sertralin
Hypovigilanz	Mianserin, Selegilin
Kognition, eingeschränkte	Selegilin
Kolitis, psychisch bedingte	Selegilin
Leckgranulom	Clomipramin, Selegilin
Markierverhalten, Allomarkieren, reduziertes	Mianserin, Selegilin
Markierverhalten, Harnmarkieren	Alprazolam, Amitriptylin, Buspiron, Clomipramin, Diazepam, Fluoxetin, Fluvoxamin
Markierverhalten, Kratzmarkieren, exzessives	Amitriptylin, Clomipramin, Fluvoxamin, Fluoxetin, Selegilin

Tab. 6.3 (Fortsetzung)

Symptom	Medikament
Masturbation	Cyproteron, Fluoxetin, Fluvoxamin
Motivation, erhöhen	Selegilin
Phobie	Alprazolam, Diazepam, Fluoxetin, Fluvoxamin, Oxazepam, Sertralin
Putzverhalten, exzessives oder stereotypes	Amitriptylin, Clomipramin, Fluoxetin, Fluvoxamin, Selegilin, Sertralin
Putzverhalten, reduziertes oder fehlendes	Mianserin, Selegilin
Putzverhalten, selbstbeschädigendes	Clomipramin, Fluoxetin, Fluvoxamin, Selegilin, Sertralin
Schlaf, Hypersomnie	Clomipramin (niedrige Dosis), Fluoxetin, Selegilin, Mianserin
Schlaf, Hyposomnie oder Insomnie	Amitriptylin, Clomipramin, Doxepin, Fluvoxamin, Oxazepam, Selegilin
Selbstkontrolle, reduzierte oder fehlende	Clomipramin, Fluoxetin, Fluvoxamin, Selegilin
Stereotypie, OCSD	Clomipramin, Fluoxetin, Fluvoxamin, Selegilin
Stimmung, ängstliche	Alprazolam, Amitriptylin, Buspiron, Clomipramin, Fluoxetin, Fluvoxamin, Selegilin, Sertralin
Stimmung, depressive	Mianserin, Selegilin, Sertralin
Stimmung, instabile	Selegilin
Stimmung, reizbare	Fluvoxamin, Selegilin, Sertralin
Trennungsbedingte Probleme, Destruktion, Schäden	Amitriptylin, Clomipramin,Fluoxetin, Fluvoxamin, Selegilin, Sertralin
Trennungsbedingte Probleme, Inhibition	Selegilin, Sertralin
Unruhe	Selegilin, Sertralin
Vokalisieren, stereotypes	Amitriptylin, Buspiron, Fluvoxamin, Oxazepam, Selegilin

Für die wichtigsten der im Rahmen der Konsultation erhobenen Symptome sind die zur Auswahl stehenden Psychopharmaka angeführt. Mit 2 bis 4 Symptomen kann die Auswahl auf das jeweils am häufigsten angeführte Psychopharmakon eingegrenzt werden. Für die endgültige Entscheidung sind dann die Details zum Wirkungsspektrum, zu Nebenwirkungen und Kontraindikationen in der Beschreibung der einzelnen Medikamente nachzusehen.
Eine Übersicht über die Dosierungen der wichtigsten Psychopharmaka bei der Katze gibt Tab. 6.4.

Tab. 6.4 Dosierungsübersicht der wichtigsten Psychopharmaka.

Medikament	Dosierung	Frequenz/d
Alprazolam	0,01–0,1 mg/kg	2×
Amitriptylin	0,25–0,5 mg/kg	1×
Buspiron	0,5–1 mg/kg	2×
Clomipramin	0,2–0,5 mg/kg (max. 1mg/kg)	1×
Cyproteronacetat	2–5 mg/kg (für 1–5 Tage)	1×
Diazepam	0,2–0,4 mg/kg	2×
Fluoxetin	0,5–1 mg/kg (max. 2 mg/kg)	1×
Fluvoxamin	0,5–3 mg/kg	1×
Mianserin	0,5–2 mg/kg (für 2–3 Wochen)	2×
Oxazepam	0,2–0,5 mg/kg (max. 2,5 mg/Katze)	2×
Selegilin	1 mg/kg	1×
Sertralin	0,5–3 mg/kg	1×

7 Die therapeutische Toolbox

Die therapeutische Toolbox enthält alle Techniken, die zur Prophylaxe und Behandlung von Verhaltensproblemen und psychischen Störungen zur Verfügung stehen.

Nicht jede Technik ist für jede Katze oder jeden Besitzer geeignet. Eine Therapie muss daher auf die individuelle Situation des Besitzers, seine Bedürfnisse und die der Katze abgestimmt werden. Die Kunst der Konsultation ist unter anderem auch, herauszufinden, welche Ressourcen im System für die Therapie genutzt werden können – und diese Maßnahmen so zu vermitteln, dass der Besitzer sie versteht und auch durchführt.
Spontan auftauchende und einfache Lösungen haben die größte Chance auf Verwirklichung. Jedes System enthält bereits die Lösungen für seine Probleme.

Therapien, die von einer Mutter mit 3 Kindern einen Zeitaufwand von mehr als 15 Minuten täglich erfordern, werden mit großer Wahrscheinlichkeit nicht und wenn, dann nur kurzfristig durchgeführt.
Die Auswahl der Therapien ist somit ein Spagat zwischen Wünschenswertem und tatsächlich Machbarem. Je mehr sich die Auswahl am Realisierbaren orientiert, desto größer ist die Aussicht auf Erfolg, auch wenn dieser vorerst nur klein ist. Viele kleine Erfolge führen schließlich zum Ziel.

Therapeutische Maßnahmen sollten auf 3 bis 5 limitiert werden. Zu viele oder zu aufwändige Maßnahmen führen unweigerlich zu Widerstand oder dem Gefühl von Aussichtslosigkeit. Die meisten Menschen sind gegenüber Veränderungen skeptisch und setzen jedem, der ihre Gewohnheiten ändern will, Widerstand entgegen. Um auch dieses Bedürfnis nach Widerstand zu befriedigen, kann aus strategischen Gründen eine Therapie vorgeschlagen werden, die sehr wahrscheinlich nicht befolgt wird. Die Wahrscheinlichkeit, dass die anderen einfacheren Maßnahmen durchgeführt werden, erhöht sich dadurch.
Eine sehr gute Technik ist, den Besitzer aus mehreren Vorschlägen die Therapien auswählen zu lassen, die er gerne durchführen möchte. Am Ende dieser Auswahl sollte es ein ausdrückliches und ausgesprochenes Einverständnis zwischen dem Tierarzt und dem Besitzer geben: *Sind Sie einverstanden, diese 3 Maßnahmen A, B und C für die nächsten 4 Wochen so durchzuführen, wie wir es besprochen haben, und mir über die Erfolge zu berichten?*
Dies ist ein **therapeutischer Vertrag,** den der Besitzer einhalten kann, aber nicht muss. Er verdeutlicht aber, dass der Tierarzt zwar eine fachliche Verantwortung, aber nicht die Garantie für Durchführung und Erfolg übernimmt. Der Besitzer trägt somit seinen wesentlichen Teil an Verantwortung für den Erfolg – oder Misserfolg – der Therapie.

Prinzipien für die Auswahl von Therapien:

- Einfache Lösungen sind besser als komplexe Strategien.
- Spontane Lösungen und Ideen des Besitzers sollen ausgebaut werden.
- Den Besitzer aus mehreren Therapiemöglichkeiten auswählen lassen.
- Nicht mehr als 3 bis 5 Maßnahmen auf einmal.

7.1 Pheromontherapie

Allgemeines:
Die Pheromontherapie ist der therapeutische oder prophylaktische Einsatz synthetisch hergestellter Analoge von Pheromonen. Seit ihrer Einführung zu Beginn der neunziger Jahre hat sich die Pheromontherapie zu einer wesentlichen Säule bei der Behandlung psychischer Störungen der Katze entwickelt.
Der Begriff Pheromon wurde aus den griechischen Worten *pherein* (tragen) und *hormon* (anregen) geschaffen. Pheromone sind an die Außenwelt abgegebene Substanzen (Ektohormone), die der chemischen Kommunikation zwischen Individuen der gleichen Art (aber manchmal auch zwischen verschiedenen Arten) dienen.
Die Wahrnehmung von Pheromonen erfolgt durch das Vomeronasalorgan, die Informationsweiterleitung erfolgt von den stimulierten Rezeptoren über den Nervus vomeronasalis an den Bulbus olfactorius accessorius. Von dort wird direkt auf die Corpora amygdalia, einem Teil des limbischen Systems, weitergeschaltet. Das bedeutet, dass es – im Gegensatz zur normalen Geruchswahrnehmung – ohne Umweg über den Kortex zur direkten und unbewussten Beeinflussung von Stimmung, Emotionen, Verhalten und auch physiologischen Funktionen kommt.

Therapeutischer Einsatz:
Synthetische Analoge von Pheromonen sind keine Medikamente, induzieren aber Veränderungen im limbischen System und im Hypothalamus. Somit sind sie psychotrope Substanzen, die zur Veränderung der Stimmung, des emotionalen Zustandes und von Verhaltensmustern eingesetzt werden können.
Diese psychotropen Wirkstoffe wirken jedoch nur als Messenger, sie gelangen nicht in den Organismus. Pheromone sind auch nicht toxisch und haben nach bisherigem Wissensstand keine Nebenwirkungen. Das macht sie auch zur idealen Therapie für unkooperative, alte und kranke Patienten.
Pheromone können problemlos mit allen anderen Therapien kombiniert werden.

Zwei Fraktionen der Gesichtspheromone der Katze stehen seit einigen Jahren als die ersten synthetischen Analoge für die Pheromontherapie zur Verfügung: die der Umgebungsmarkierung dienende F3-Fraktion als Feliway® (Spray, Diffuseur) sowie die Fraktion F4 als Felifriend® (Spray), die der Markierung befreundeter Individuen dient.

Grenzen der Pheromontherapie:
Unter natürlichen Umständen werden Pheromone von einem Lebewesen nicht einzeln und alleine abgegeben, sondern sind mit Körperhaltungen, Mimik und individuellen Gerüchen verbunden. Die chemische Kommunikation läuft sehr präzise ab, und das richtige Pheromon muss zur richtigen Zeit und am richtigen Ort abgegeben werden. Manche chemischen Signale werden mit anderen optischen Signalen verknüpft, um sicherzustellen, dass die Botschaft zweifelsfrei und eindeutig ankommt. Die Funktion dieser kombinierten Signale ist das Öffnen des Vomeronasalorgans, das normalerweise verschlossen ist.
Diese Komplexität ist schwer zu erfassen und in der Therapie nachzustellen. Das bedeutet, dass in der Therapie größere Pheromonmengen angewendet werden, als unter natürlichen Bedingungen, um die Wahrscheinlichkeit zu erhöhen, dass diese tatsächlich an das Vomeronasalorgan gelangen.

F3-Analog Feliway®

Das F3-Pheromon dient der Markierung vertrauter Umgebung und wirkt antagonistisch auf Harn- und Kratzmarkieren. Diese Gesichtsmarkierungen wirken in erster Linie wieder auf die Katze zurück und reduzieren Stress und Angst. Indikationsgebiet für F3 sind somit grundsätzlich alle Zustände, die zur Erhöhung von Anspannung und Angst führen.
Feliway® Spray ist mit einem für Katzen attraktiven Geruchszusatz versehen. Es ist vorwiegend für den punktuellen topischen und kleinräumigen Einsatz geeignet und muss ein- bis zweimal täglich angewendet werden. Das erfordert für einen sinnvollen therapeutischen Einsatz einen gewissen Zeitaufwand und Zuverlässigkeit des Besitzers.
Mit dem **Feliway® Diffuseur** wird das geruchlose F3 über die Steckdose in die Raumluft verdampft. Ein Diffuseur reicht für 50 bis 70 m^2 und rund 4 Wochen, der Arbeitsaufwand für den Besitzer ist gering und die Compliance demzufolge sehr hoch. Spray und Diffuseur können sehr gut als Kombination angewendet werden.

Spezielle Indikationen:
- Harnmarkieren: Harnmarkieren war die erste und eine der wichtigsten Indikationen für Feliway®.
- Appetitanregung.
- Verhinderung von Kratzmarkieren an unerwünschten Stellen.
- Anregung von Exploration und Spiel.
- Generalisierte Angststörung.
- Deprivationssyndrom.
- Angststörung durch Deritualisation: bei allen Veränderungen in den drei Dimensionen des Raumes, zeitlichen oder sozialen Veränderungen.
- Angststörung bei zusammenlebenden Katzen: vor allem in der Anfangsphase des Zusammengewöhnens und bei akutem Beginn.

- Phobien: Transport, Untersuchung, stationäre Aufnahme, etc.
- FLUTD/FIC.
- Psychogene Alopezie.

Praktische Hinweise zur Anwendung:
Vor der Behandlung mit Feliway® Spray sollten harnmarkierte Stellen korrekt gereinigt und mit 70%-igem Alkohol behandelt werden (S. 149).
Besprühen von harnmarkierten Stellen in Anwesenheit der Katze kann Harnmarkieren stimulieren.
Behandelte Stellen sollten abgetrocknet sein, bevor die Katze Zugang hat, weil feuchte Spots als Trigger für Harnmarkieren wirken können.
Räume und harnmarkierte Stellen sollten mindestens 30 Minuten bevor die Katze Zugang hat, behandelt werden.
Feliway® Spray wirkt nicht aversiv und der Einsatz als Repellents ist sinnlos.
Durch klassische Konditionierung kann Feliway® Spray in Ausnahmefällen Harnmarkieren oder Unsauberkeit auslösen.

Auch der Feliway®-Diffuseur kann in seltenen Ausnahmefällen ein Auslöser für Harnmarkieren sein – in diesem Fall wird der Stecker selbst möglicherweise als optischer Spot von den Katzen markiert. Um dieses Risiko zu vermeiden, sollte der Feliway®-Diffuseur nicht auf Augenhöhe der Katze, sondern an weniger auffälligen Steckdosen angesteckt werden.

F4-Analog Felifriend®

Das F4-Pheromon dient der Allomarkierung und ist ein Antagonist von irritativer und territorialer Aggression. Dieses Gesichtspheromon bewirkt einen gemeinsamen Gruppengeruch bei zusammenlebenden Individuen. Ganz allgemein kann das F4-Pheromon zur Erhöhung der Toleranz gegenüber Manipulationen und Handling sowie zur Bildung eines einheitlichen Gruppengeruchs eingesetzt werden.

Spezielle Indikationen:
- Neueingliederung von Katzen, Hunden, Menschen in eine soziale Gruppe.
- Verlängerung der Toleranzphase gegenüber Körperkontakt, Fellpflege, Behandlungen und bei systematischer Desensibilierung gegenüber Kontakt, etc.
- Rasche Stressminderung in Tier- und Katzenheimen.

Praktische Hinweise zur Anwendung:
Felifriend® sollte nie direkt auf die Katze gesprüht werden, sondern am besten mit den Händen oder einem Wattepad, Tupfer oder Ähnlichem auf den Wangen und am Körper verteilt werden.
Das Lösungsmittel muss auf jeden Fall völlig verdunstet sein, bevor die Katze behandelt oder kontaktiert wird.

Die Katze sollte mindestens eine halbe bis eine Minute Kontaktzeit mit Felifriend® haben, bevor sie berührt wird.

Die Wirksamkeit der Pheromontherapie wird von der Beratung der Besitzer zu den Besonderheiten und zur richtigen Anwendung beeinflusst.

7.2 Ökoethologische Therapien

Ökoethologische Therapien umfassen alle jene Maßnahmen, die den Lebensraum der Katze beeinflussen und/oder die artspezifischen Bedürfnisse weitestgehend zu erfüllen versuchen.
Vor allem bei der reinen Wohnungshaltung werden die ethologischen Bedürfnisse von Katzen vielfach vergessen, sind unbekannt oder werden ignoriert. Die Tatsache, dass einzelne psychische Störungen oder den Besitzer störende Verhaltensprobleme auch auf mangelndes Wissen über die ethologischen Bedürfnisse zurückzuführen sind, erleichtert die Behandlung in einem gewissen Sinne.
Insgesamt zeigt der Katzenbesitzer erfahrungsgemäß eine größere Toleranz und Bereitschaft den artspezifischen Bedürfnissen seines Familienmitgliedes entgegenzukommen, als der durchschnittliche Hundebesitzer.

Die Informationen zur Umweltgestaltung müssen für den Besitzer leicht verständlich sein und die Empfehlungen unter den verschiedensten Wohnbedingungen anwendbar sein.
Vier einfache Regeln vermitteln die grundlegenden Bedürfnisse einer Katze:
- Zur richtigen Zeit am richtigen Ort sein (= Respekt für die fünfdimensionale Lebensstruktur der Katze).

Abb. 7.1 Sichtschutz.

- Sehen, aber nicht gesehen werden (= Respekt für die sozialen Bedürfnisse) (Abb. 7.1).
- Genug Veränderung in der Umwelt zur Exploration, aber stabile Strukturen (= Respekt für die kognitiven und territorialen Bedürfnisse).
- Katzen sind kleine Jäger wie auch Opfer für größere Raubtiere (= Respekt für die Raubtiernatur und das Bedürfnis nach Sicherheit).

Elimination und Harnmarkieren

Die Ansprüche der Katze(n) an adäquate Orte für die Elimination zu erfüllen ist eine der wichtigsten Maßnahmen bei Unsauberkeit und Harnmarkieren.
In der ersten Phase versucht man, wirklich alle Wünsche der Katze hinsichtlich Standort, Material und Sauberkeit zu erfüllen, auch wenn das dem Besitzer unbequem oder unerwünscht ist.
Dem häufigen Einwand: Ich will aber kein Katzenklo im Wohnzimmer/in der Küche/im Schlafzimmer haben! ist leicht zu begegnen: Sie haben die Wahl – ein sauberes und leicht zu reinigendes Katzenklo an diesem Ort oder einen angepinkelten Teppich.
Erst in der zweiten Phase, wenn die Katze ein nach ihren Vorstellungen gestaltetes Katzenklo wieder regelmäßig und stabil annimmt, kann diese Lösung langsam modifiziert werden. Manchen unrealistischen Vorstellungen von Besitzern kann jedoch nie entsprochen werden.

Es ist aus verschiedenen Gründen günstig, nicht alle denkbaren und möglichen Optimierungsmaßnahmen gleichzeitig vorzuschlagen oder durchzuführen:

- Die Akzeptanz des Besitzers steigt, wenn er sich nicht mit dem kompletten Umbau seiner Wohnung überfordert sieht.
- Es bleiben noch Ideen übrig, falls die ersten Schritte nicht oder nur teilweise erfolgreich waren. Das Vorhandensein dieser Joker muss aber schon angekündigt sein, um den Besitzer nach einem ersten Misserfolg nicht zu verlieren.
- Es werden nur die minimal erforderlichen Schritte für eine Lösung des Problems durchgeführt.
- Das Ansehen des Tierarztes steigt, wenn er mit so wenig Aufwand ein Problem löst, an dem der Besitzer seit Monaten oder Jahren herumdoktert. Die Einfachheit dieser Lösung schmälert den Wert der tierärztlichen Leistung nicht, ganz im Gegenteil!

Eine therapeutische Strategie kann als „Schachspiel mit der Katze“ betrachtet und dem Besitzer auch so erklärt werden: Man einigt sich in der ersten Konsultation auf 2 oder 3 Maßnahmen, die anhand des Wohnungsplans besprochen und dort eingezeichnet werden. Dann ist die Katze für 2 bis 3 Wochen am Zug und die tatsächlich durchgeführten Aktionen und die Reaktionen der Katze werden notiert. Dann sind wieder Tierarzt und Besitzer an der Reihe, bis das Problem gelöst ist.

Immer abhängig von der aktuellen und individuellen Situation und der Dringlichkeit des Problems kann man eine therapeutische Strategie auf folgenden Schachzügen aufbauen:

Anzahl der Katzenklos: Die Anzahl zu erhöhen ist immer eine gute erste Idee. Die Erfahrung zeigt, dass gerade in großen Wohnungen und im Mehrkatzen-Haushalt zu wenig alternative Ausscheidungsplätze angeboten werden. So kann es durchaus sein, dass 12 Katzenklos für 2 Katzen auf 200 m^2 erforderlich sind.
Das Argument, es wäre doch bisher auch mit nur 2 Katzenklos im Keller des Hauses gut gegangen, ist für die aktuelle Situation und vor allem für eine Problemlösung irrelevant, Katzen und Menschen ändern sich.
Standort der Katzenklos: Eine gute Strategie ist das Aufstellen eines Katzenklos an der Stelle, die die Katze als Ausscheidungsort gewählt hat. Falls erforderlich kann das auch auf dem Sofa sein, wo das Sitzpolster entfernt und an dieser Stelle ein Katzenklo deponiert wird. Wenn es sich um eine reine Ortspräferenz handelt, wird dieses Klo sofort angenommen. Die vorhandenen Katzenklos sollten nicht alle nebeneinander, sondern auf die Wohnfläche verteilt werden. Bevorzugte Standorte sind etwas sichtgeschützt, mit Rückendeckung und mindestens zwei freien Zugängen, zum Beispiel in einer Ecke im Wohnzimmer hinter oder zwischen den Zimmerpflanzen. Kleine beengte Räume wie Badezimmer, Toilette oder Abstellraum sollten im Mehrkatzen-Haushalt durch offener gelegene Angebote ergänzt werden, weil sie Sackgassen sind, in denen die Katze festgesetzt ist, wenn eine andere den einzigen Ausweg blockiert.
Wenn ganz neue Standorte angeboten werden, kann es 2 bis 3 Wochen dauern, bis diese von der Katze in ihren Alltag integriert und regelmäßig angenommen werden.
Unpraktische oder vom Besitzer unerwünschte Standorte können in ganz kleinen Schritten (10–20 cm pro Woche) verändert werden, nachdem die Katze das Klo stabil annimmt.

Material: Die Art des Untergrunds, den die Katze außerhalb des Klos wählt – textil oder glatt – kann beim Optimieren des Angebots im Katzenklo sehr hilfreich sein.
Wenn Textilien wie Badematten oder Teppich bevorzugt werden, legt man alte Tücher oder Unterlegvlies für Parkettböden in das Katzenklo. Katzen, die glatte Oberflächen wie Fliesen wählen, bietet man ein leeres, mit Papier und/oder Fliesen ausgelegtes Katzenklo an.
Katzen, die im Freien aufgewachsen sind oder Freigang haben, lehnen industrielle Katzenstreu häufig ab. In diesen Fällen überzeugen Naturmaterialien wie Erde, Sand oder Sägespäne die Katze, ein angebotenes Klo zu benützen. Auch bei Unsauberkeit im Mehrkatzen-Haushalt sind diese Materialien in Erwägung zu ziehen, weil sie geräuschärmer als Katzenstreu sind.
Eine elegante Möglichkeit, die Vorlieben der Katze herauszufinden, ist eine „Finest Selection" mit allen denkbaren Substraten zur Auswahl anzubieten.
Unpraktische oder vom Besitzer unerwünschte Substrate können in ganz kleinen Schritten (eine Handvoll Streu pro Woche) mit Katzenstreu gemischt werden, nachdem die Katze dieses Klo stabil annimmt (Habituation und systematische Desensibilisierung).

Frische Katzenstreu kann mit einer Schaufel gebrauchter Einstreu gemischt werden, um sie als Ausscheidungsort zu kennzeichnen.
Die Einstreutiefe sollte 5 bis 7 cm betragen. Zu wenig Einstreu kann einen negativen Einfluss auf die Benützung des Katzenklos, insbesondere für den Kotabsatz, haben.
Handelsübliche Katzenstreu sollte so gut wie möglich an die artspezifischen Bedürfnisse der Katze herankommen – also locker, feinkörnig, weich und trocken sein. Klumpende Feingranulat-Streu entspricht den Katzen- und Besitzerwünschen am besten.

Größe und Typ des Katzenklos: Eine typische Sekundenlösung bei Unsauberkeit ist das Entfernen des Deckels von einem geschlossenen Katzenklo. Die Katzen, die unbedingt ein geschlossenes Klo wollen, sind die Ausnahme – wenn also nur ein Deckel die Benützung des Klos gewährleistet, bekommt sie ihn selbstverständlich.
Die Größe des Katzenklos soll der Größe der Katze angepasst sein. Ein Richtwert: Die Diagonale des Katzenklos soll der doppelten Körperlänge der Katze ohne Schwanz entsprechen. Die weitaus meisten Katzenklos sind viel zu klein, als dass die Katze ihre Verhaltenssequenz Elimination in einer einigermaßen ungezwungenen Körperhaltung ausführen könnte. Probleme entstehen hier, wenn die Wohnverhältnisse extrem eng sind. Dennoch gilt: Besser ein großes Katzenklo als dass die ganze Wohnung zum Katzenklo wird!
Wenn der Verdacht auf eine negative Konditionierung und Aversion besteht, kann mit Plastikwannen in anderen Farben und Formen experimentiert werden.
Große Wannen mit etwas höherem Rand, wie sie zum Beispiel in der Fleisch- und Lebensmittelindustrie als Wildwannen oder als Stauraumboxen Verwendung finden, ergeben gute Katzenklos. Bei sehr hohen Wänden muss eine Einstiegsöffnung in eine Wand geschnitten werden.

Aversive Maßnahmen: Um alte Gewohnheiten zu brechen, werden unerwünschte Ausscheidungsorte unzugänglich oder aversiv gemacht. Abdecken mit Plastik- oder Alufolien (Rettungsdecke) schützt das Mobiliar und wirkt auf Katzen mit textiler Vorliebe unattraktiv. Vor allem Bettdecken können damit ideal abgedeckt werden. Die Katze wird anonym bestraft, denn sie steht am tiefsten Punkt und bekommt nasse Füße.
Gerüche wie Zitrusöle oder Repellanzien haben die meisten Besitzer schon erfolglos eingesetzt, bevor sie in die Konsultation kamen.
Anonyme Strafen wie umgedrehte Mausefallen oder ein mittels Bewegungssensor ausgelöstes Spray (SssCat®, S. 170) sichern bestimmte Zonen in der Wohnung.
Im Freien können diese unerwünschten Ausscheidungsorte versuchsweise entweder unzugänglich oder durch Kaffeesud oder andere Bitterstoffe (Tonicwater), intensives Gießen, Abdecken mit Drahtgitter oder großen Steinen ungemütlich gestaltet werden.
Die Grundvoraussetzung für den Einsatz von aversiven Maßnahmen ist, dass die Katze eine tatsächlich akzeptable Alternative hat. Ansonsten wirken diese anonymen Strafen anxiogen, da die Katze ja ihrem lebensnotwendigen Bedürfnis Ausscheidung nachkommt, zu dem es kein alternatives Nichttun gibt.

Sonstiges: Da Harnmarkieren als kommunikatives Verhalten der Katze nicht immer vollkommen zu beseitigen ist, können einzelne markierte Stellen legalisiert werden. Eine Abtropftasse (Schuhe, Geschirr) mit einer darin stehenden, schräg an die Wand gelehnten Plexiglasplatte ist eine einfache und leicht zu reinigende Konstruktion. Alternativ kann auch eine Plastikfolie an die Wand geklebt werden, deren unterer Rand in das Katzenklo hineinhängt.
Kognitive Therapien und Futtereinsatz im Zusammenhang mit Unsauberkeit und Harnmarkieren werden im entsprechenden Kapitel behandelt (S. 159).

Korrekte Reinigung: Die korrekte Reinigung ist nicht nur eine wichtige Frage für die Lebensqualität der Besitzer, sondern hat durch die Reduktion auslösender Gerüche einen enormen therapeutischen Effekt. Für die Reinigung von Unsauberkeits- oder Markierstellen sollten auf gar keinen Fall chlor- oder ammoniakhaltige Mittel verwendet werden!
Man empfiehlt am besten biologische, neutrale Reiniger oder Waschpulver (Reformhaus) mit möglichst wenig Parfümzusätzen. Auch verdünnte Essiglösungen eignen sich für die Reinigung, sind aber nicht jedermanns Geschmack. Anschließend werden die Stellen noch mehrmals mit 70%igem Alkohol besprüht, um die Fettanteile des Harns zu beseitigen.
Hochwertige enzymatische und/oder bakteriologische Geruchsentferner (z. B. Nature's Miracle®, Biodor) sind sehr empfehlenswert.

Fütterungsmanagement

Die Veränderung des Fütterungsmanagements ist eine weitere einfache und kreativ einsetzbare ökoethologische Strategie.

Restriktive Fütterung: Die zeitlich und auf 2- oder 3-mal täglich limitierte Fütterung entspricht zwar nicht ganz den ethologischen Bedürfnissen der Katze, sie kann aber in manchen Fällen nützlich oder notwendig sein.
Nebenwirkung kann das vermehrte Vokalisieren und Betteln sein, dem manche Besitzer leicht nachgeben. Für Katzen mit umgerichtetem Jagdverhalten ist die ausschließlich restriktive Fütterung, ausgenommen für den Aufbau einer Gegenkonditionierung, weniger geeignet.
Die Vorteile und Ziele sind:

- Es gibt eine positive soziale Interaktion zwischen Katze und Besitzer.
- Über bestimmte Fütterungszeiten kann der Tagesablauf strukturiert und mit Höhepunkten versehen werden.
- Klassische Gegenkonditionierung → die Fütterungszeiten können als angenehmer unbedingter Reiz genützt werden, zum Beispiel wenn neue Menschen oder Katzen ins soziale System integriert werden sollen.
- Activity Feeding mit dem Pipolino. Der patentierte mobile Futterspender für Katzen wurde von einem französischen Kollegen entwickelt. Der Schwierigkeitsgrad kann über ein Lochsystem dem Können, der Motivation und den Bedürfnissen der

Katze individuell zwischen 12, 8, 4, 2 und einem offenen Loch eingestellt werden. Die Katze hat Futter prinzipiell ad libitum zur Verfügung. Sie muss sich aber bewegen und aktiv um den Zugang zum Futter bemühen (Abb. 7.2). Dadurch werden der Zeitaufwand für das Beschaffen und Fressen deutlich erhöht und die Katze hat eine sinnvolle und befriedigende Beschäftigung.

- Instrumentelle Gegenkonditionierung → Hunger erhöht die Motivation zur Mitarbeit, wenn Futterbelohnungen als positive Verstärkung eingesetzt werden.
- Mehrkatzen-Haushalt → der Zugang zum Futter kann bei zugeteilter und überwachter Fütterung nicht von anderen Katzen kontrolliert werden. Durch die Aufsicht wird auch unsicheren oder passiven Katzen ein stressfreier Zugang zu wichtigen Ressourcen für Lebensqualität geboten.
- Hyperphagie als substitutives Verhalten und nachfolgende Adipositas werden verhindert.

Ad-libitum-Fütterung: Der ständige freie Zugang zu Futter entspricht den artspezifischen Bedürfnissen der Katze und kann somit therapeutisch eingesetzt werden. Eiweißreiches, aber energiearmes Trockenfutter eignet sich für dieses Management am besten. Nachteilig ist die gesteigerte Futteraufnahme, häufigeres Erbrechen (vor allem in der Umstellungsphase), Gewichtszunahme und erhöhte Kotmenge.

Abb. 7.2 Activity Feeding mit dem Pipolino.

Abb. 7.3 Futterspiel.

Die Vorteile und Ziele sind:

- Angststörung aufgrund restriktiver Lebensbedingungen → freier Zugang zu Futter an verschiedenen Stellen verbessert die Lebensqualität dieser Katzen und reduziert umgerichtetes Jagdverhalten.
- Harnmarkieren → Hunger kann in manchen Fällen Harnmarkieren (vor allem in der Küche) auslösen.
- Nächtliche und frühmorgendliche Aktivität → ständiges Futterangebot reduziert die Wahrscheinlichkeit, dass Besitzer aufgrund von Hunger geweckt werden.
- Im Mehrkatzen-Haushalt werden mehrere Futterplätze eingerichtet, sodass der Zugang nicht blockiert werden kann.

Sonstiges: Futter kann vielseitig zur Beschäftigung und auch zur kognitiven Therapie bei Katzen (S. 159) eingesetzt werden.

- Bei Angststörungen aufgrund restriktiver Lebensbedingungen und allgemein als Beschäftigung kann Futter versteckt werden (Abb. 7.3).
- Jagdspiele mit Futter siehe unter Spieltherapie (S. 171).

Kratzmarkieren

Das Angebot legaler und attraktiver Stellen zum Kratzmarkieren kann Missverständnisse, die die Mensch-Katze-Beziehung erheblich belasten, bereinigen.
Das Prinzip ist ähnlich wie bei Unsauberkeit: Die Katze erhält optimale Kratzstellen und die unerwünschten Stellen werden aversiv gestaltet.
Insbesondere zwei Kriterien sind für optimierte Kratzstellen zu berücksichtigen:

Material: Die meisten Katzen wählen textile Oberflächen mit einer vertikalen Faserstruktur, einige aber Weichholz (Kiefer, Fichte, Rebstöcke und besonders Olivenholz sind sehr beliebt). Das Wichtigste ist, dass die Katze das Gefühl hat, die Oberfläche zu beschädigen, Fasern oder Teile herauszureißen und neben ihren Pheromonen auch sichtbare Spuren zu hinterlassen. Nicht zu straff verarbeitete natürliche Materialien wie Kokosfaser, Maisstrohmatte, Bambus, Sisal oder Ähnliches werden in der Regel freudig angenommen.

Standort: Der Standort ist für die Brauchbarkeit einer Kratzgelegenheit aus der Sicht der Katze wahrscheinlich noch wichtiger als das Material. Eine einzeln angebotene Kratzgelegenheit ist nur selten ausreichend. Kratzmarkierungen werden im unmittelbaren Nahbereich der Schlaf- und Isolationsräume hinterlassen. Andere Kratzstellen liegen zentral und gut sichtbar, sodass sie von jeder anderen vorbeikommenden Katze oder vom Besitzer gut gesehen werden. An diesen Stellen kratzt, wer sich in Szene setzen und bemerkbar machen oder spielen will.
An Orten, wo Frustration oder Aufregung erlebt werden kann, wie zum Beispiel neben Fenstern, Türen oder beim Spiel, und an Durchgangswegen im Mehrkatzen-Haushalt helfen Kratzgelegenheiten Stress abzubauen.

Weitere Faktoren, die zur Attraktivität einer Kratzstelle beitragen:
Standfestigkeit: Wenn die Katze mit den Krallen daran reißt oder sich hochzieht, soll nichts wackeln.
Ausrichtung: Es können sowohl vertikale, horizontale als auch schräge Kratzstellen angeboten werden.
Höhe: Vor allem bei vertikalen Kratzstellen soll die Höhe der ausgestreckt aufgerichteten Katze entsprechen.
Gewohnheit: Je länger eine Kratzstelle in Gebrauch ist, desto wertvoller wird sie für die Katze.

Handelsübliche Kratzbäume werden zwar dem Geschmack der Besitzer entsprechend produziert, erfüllen jedoch ihre zugedachte Funktion keineswegs immer in der erwarteten Weise.

! Ein grundlegendes Missverständnis ist die Vorstellung, dass ein einzelner Plüschkratzbaum als Multifunktionsobjekt alle Bedürfnisse der Katze nach Markieren, Klettern, Versteck und erhöhten Liegeplätzen gleichzeitig erfüllen kann. Für die Lebensqualität der Katze ist zunächst eine funktionelle Trennung der Bereiche sinnvoller: 1. mehrere Kratzmarkierstellen, 2. Zugang zur dritten Dimension, 3. Rückzugsräume.

Wenn sich danach wieder einige der Funktionen an einem Ort oder Objekt vereinen lassen, umso besser, aber die ethologischen Bedürfnisse der Katze sind prinzipiell einmal verstanden worden.

Aversive Maßnahmen: Nach dem Angebot entsprechender Kratzstellen können die bisher beschädigten Stellen für die Katze unbrauchbar gemacht werden. Dazu eignen sich sehr gut doppelseitiges Klebeband, stabile Plastikfolien, Alufolie, etc.
Der Zugang zu den unerwünschten Kratzstellen kann mit bewegungskontrolliertem Spray (SssCat®, Abb. 7.6a,b, S. 170) gesichert werden, allerdings ist zu bedenken, dass die Katze damit unter Umständen auch von ihrem Schlafplatz verschreckt wird.
Die neuen Kratzangebote werden am Anfang unmittelbar neben der alten, jetzt unbrauchbar gemachten Kratzstelle aufgestellt.
Nach langjährigem Gebrauch einer Kratzmarkierung kann eine langfristige Sicherung über Monate notwendig sein, um Rückfälle zu vermeiden.

Sonstiges: Unerwünschte Kratzstellen können mit dem F3-Analog Feliway® Spray behandelt werden, um Markieren zu verhindern (S. 143).
Kratzmarkieren als soziales Signal wird gefördert, wenn der Besitzer, als Spieleinladung oder um die Aufmerksamkeit der Katze zu bekommen, deutlich hörbar kratzt. Umgekehrt sollte der Besitzer mit positiver Aufmerksamkeit, Futter, Spiel oder Lob reagieren, wenn die Katze an den erwünschten Stellen kratzmarkiert. Aus dieser instrumentellen Konditionierung entwickelt sich ein Ritual, mit dem die Katze auf angemessene und akzeptable Weise Aufmerksamkeit fordern kann.

Weitere ökoethologische Therapien

Es gibt noch zahlreiche weitere Möglichkeiten, die Lebensqualität von Katzen zu verbessern.

Ruhe- und Rückzugsplätze: Qualitativ hochwertige Ruheplätze sind muldenartig, weich, warm und trocken. Hängematten für die Heizung (CatsCraddle®) sind vor allem im Winter besonders beliebte Plätze (Abb. 7.4).
Andere Plätze müssen einfach nur sonnig sein. Vorlieben für bestimmte Plätze wechseln mit der Jahreszeit und aus unerfindlichen Gründen. Im Mehrkatzen-Haushalt sollten ansprechende Plätze im Überfluss vorhanden sein, um kompetitiv-soziale Aggression zu vermeiden. Andererseits fördert der Genuss begehrter Ressourcen, und das gilt ganz besonders für Wärme, das friedliche Zusammenleben (Abb. 7.5).

Daneben muss jede Katze die Möglichkeit haben, sich zurückzuziehen und zeitweilig unsichtbar zu machen. Das gilt vor allem für

- alle Katzen mit Angstsymptomen
- laute und chaotische Haushalte
- den Mehrkatzen-Haushalt

Diese Rückzugsräume sollen sichtgeschützt und höhlenartig sein, sodass die Katze unsichtbar wird, sich wirklich entspannen kann und vor unvorhersehbaren Über-

Abb. 7.4 Hängematte an der Heizung als beliebter Platz.

raschungen sicher ist. Diese Plätze können wahlweise in der Höhe oder am Boden angeboten werden.

Zur Entschärfung von Krisenzonen oder in Mehrkatzen-Haushalten, wo es häufig zu aggressiven Begegnungen kommt, eignen sich Kartons mit seitlichem Eingang aufgestellt als kurzfristige Zufluchtstätten. Die bedrohte Katze kann sich auf diese Weise aus der Situation zurückziehen und kann warten, bis der Weg frei ist.

Trinkplätze: Um die ausreichende Wasseraufnahme zu fördern, können attraktive Wasserquellen, wie Zimmerbrunnen, bepflanzte Wasserbecken oder einfach stehendes Wasser, an mehreren Stellen angeboten werden. Katzen trinken lieber aus Gefäßen, die bis zum Rand gefüllt sind.
Für Katzen, die bewegtes oder frisches Wasser lieben, gibt es kleine Brunnen mit Umwälzpumpe und Kohlefilter.
Der Zugang zu Wasserstellen soll nicht durch andere Katzen blockierbar sein.

Pflanzen: Mit dem Angebot katzengeeigneter Grünpflanzen wird das Interesse von Zimmerpflanzen auf legale Möglichkeiten umgelenkt. Sperriges Katzengras erfüllt mechanische Zwecke für die Verdauung. Es wird gefressen und von den meisten Katzen unmittelbar danach wieder erbrochen. Feine Halme und vor allem Triebspitzen werden gefressen und nicht erbrochen.

Abb. 7.5 Vorliebe für bestimmte Ressourcen vereint auch die beiden, die sich erst wenige Stunden kennen. Beide haben die Aufmerksamkeit auf die andere Katze gerichtet (Ohrenhaltung!).

Katzenminze (Catnip) enthält Nepetalacton, das einige Ähnlichkeiten mit LSD hat. Rund ⅔ der Katzen reagieren auf Katzenminze: Sie beißen in die Blätter, rupfen sie ab, schütteln den Kopf, wälzen sich auf oder neben der Pflanze und bekommen einen seltsam entrückten Gesichtsausdruck. Manche Katzen sind in dieser Phase reizbar oder aggressiv. Nach 10 bis 15 Minuten ist diese Sequenz zu Ende.
Frische Grünpflanzen und vor allem Katzenminze können als positive Verstärkung sowie als Bereicherung und Abwechslung in der Umwelt eingesetzt werden.

Raumrestriktion

Die vorübergehende Verkleinerung (für 5 bis 10 Tage) eines großen und unübersichtlichen Lebensraumes ist eine angstreduzierende Therapie für die Katze.
Das Territorium der Katze wird auf ein übersichtliches und katzengerecht eingerichtetes Zimmer reduziert, die sozialen Kontakte und interaktives Spiel müssen während dieser Zeit natürlich aufrechterhalten werden. Diese Strategie ist keine Strafe, sondern eine Möglichkeit für die Katze sich in einem vertrauten Umfeld zu entspannen. Die Auswahl eines Zimmers ist vor allem in modernen offenen Häusern und Wohnräumen nicht immer ganz einfach. Es ist dem Raum der Vorzug zu geben, der natür-

liches Licht hat, in dem sich die Katze von vorneherein schon viel und gerne aufhält, wo sich der Besitzer oder einzelne Familienmitglieder, zu denen die Katze eine enge Beziehung hat, auch gerne aufhalten. Im Mehrkatzen-Haushalt haben gute Freunde der Katze natürlich Besuchsrechte.

Nach rund einer Woche lässt man der Katze zeitweise die Tür offen, damit sie ihren Lebensraum langsam wieder neu besiedeln kann, nun aber immer mit ihrer sicheren kleinen vertrauten Umwelt als Rückhalt. Das Zimmer bleibt vorübergehend oder für immer eine sichere Zone für die Katze. Über die Regelung der Öffnungszeiten kann man Einfluss auf die zeitlich-räumliche Organisation einer Katzengruppe nehmen.

Die Raumrestriktion ist sehr sinnvoll mit Pheromontherapie und medikamenteller Behandlung zu verbinden.

Die Raumrestriktion eignet sich für:

- Neueingewöhnung von Katzen oder Jungkatzen.
- Übersiedlung.
- Neustrukturierung eines Mehrkatzen-Haushalts.
- Alle Angststörungen mit Ausnahme solcher, die aufgrund restriktiver Bedingungen auftreten.

Die Raumrestriktion kann auch als dauernde Lösung, dann aber nur zu bestimmten Zeiten, vor allem nachts, eingesetzt werden. Während tagsüber der ganze Wohnraum zur Verfügung steht, kommt die Katze nachts ins Katzenzimmer. Diese letztere Variante ist nicht für Einzelkatzen oder sehr menschenfixierte Katzen, die ohnehin tagsüber viel allein sein müssen, geeignet.

Eine noch intensivere Raumrestriktion ist das Halten der Katze in einem **Käfig.**

- Bei einer aggressiven Katze kann damit dem Besitzer vorübergehend Erleichterung verschafft und das Risiko weiterer Verletzungen verringert werden. Allein durch die Käfighaltung lernt die Katze jedoch keine angepassteren Verhaltensweisen. Lernprozesse wie Habituation, systematische Desensibilisierung oder kontrollierte Reizüberflutung können damit unterstützt werden.
- Für unsaubere Katzen, die die Benützung eines Katzenklos nicht erlernt haben und dieses auch bei normaler Raumrestriktion mit korrektem Angebot nicht benützen, kann die temporäre Käfighaltung als Lösung überlegt werden. Die Katze hat durch die geringe Grundfläche des Käfigs nur 2 Möglichkeiten: Sie benützt das Katzenklo oder sie verunreinigt ihren Liege- und Futterplatz. In dieser extremen Situation entscheiden sich Katzen in der Regel für das angebotene Katzenklo. Ist das nicht der Fall, muss ein schwereres kognitives Defizit angenommen werden.
  Wenn die Katze das Katzenklo im Käfig akzeptiert hat, wird sie in einem Raum restriktiv gehalten und die gesamte Wohnfläche nur nach und nach, wie für eine Jungkatze, freigegeben.

Bei Rezidiven muss der zur Verfügung stehende Raum sofort wieder begrenzt werden.

7.3 Kognitive Therapie und ethologisches Reframing

Die kognitive Therapie besteht darin, sich gewisse Gedanken und Denkmuster bewusst zu machen und diese Gedanken und Entscheidungen an der Realität zu prüfen, um anschließend die beeinträchtigenden Gedanken und Ansichten den neuen Erkenntnissen entsprechend zu verändern.

Es gibt kognitive Therapien für den Besitzer und für die Katze.
Die Gedanken der Katze sind zwar nicht direkt zugänglich, ihre Kognition kann jedoch durchaus beeinflusst werden.

Kognitive Therapien für den Besitzer

Die erste kognitive Therapie ist schon das **Stellen einer Diagnose!**
Eine medizinische Diagnose entlastet den Besitzer, der zwischen Schuldgefühlen, Unverständnis, Hilflosigkeit, Zorn und Ablehnung seiner Katze schwankt.
Selbst wenn die bisherigen Lösungsversuche und die schlechten Haltungsbedingungen tatsächlich eine Rolle in der Pathogenese der Störung spielen sollten, stellt sich die Frage, ob eine Schuldzuweisung an den Besitzer nicht kontraproduktiv ist. Sie hilft allenfalls die Frustration des Tierarztes vorübergehend zu reduzieren, der Katze ist damit sicher nicht geholfen. Ein Besitzer, der sich direkt oder indirekt beschuldigt sieht oder sich nur so fühlt, wird Schwierigkeiten haben, mit der vermeintlichen Ursache dieses unangenehmen Gefühls – dem Tierarzt – eine vertrauensvolle therapeutische Beziehung aufzubauen. Diese therapeutische Beziehung und die daraus resultierende Compliance ist jedoch die Basis aller therapeutischen Interventionen.

Das Stellen einer medizinischen oder psychiatrischen Diagnose für die Katze neutralisiert die Beziehung – niemand ist schuld an der Lage. Es entsteht eine völlig neue Situation zwischen Katze, Besitzer, einer per se neutralen Diagnose und dem Tierarzt, der sich um alle gleichermaßen bemüht.
In dem so geschaffenen emotionalen Freiraum können die Machbarkeit, die Vor- und Nachteile aller möglichen therapeutischen Strategien diskutiert werden.

! Das Stellen einer medizinischen oder psychiatrischen Diagnose installiert eine neue Dimension in der Beziehung zwischen Katze und Besitzer.

Eine weitere Möglichkeit der kognitiven Intervention ist der **Auftrag zur gezielten Beobachtung und Dokumentation.** Der Besitzer wird dadurch zum objektiven Beobachter. Er ist gezwungen, seine Vorstellungen und Interpretationen zurückzustellen, denn in der nächsten Konsultation soll er Fakten präsentieren, die er in der Erstkonsultation nicht hatte: *Wann, wo, wie oft und unter welchen Umständen/Auslösern genau tritt das Verhalten auf? Welche Mimik, welche Körperhaltungen können Sie beobachten?*

Die Ergebnisse dieser Beobachtung dienen der Objektivierung – statt „immer" ist es nun „2x pro Woche" oder „immer, wenn …" oder auch „dann nicht …" – und das sind Ausgangspunkte für verhaltenstherapeutische Maßnahmen – zum Beispiel vermeiden oder modifizieren von nunmehr bekannten Auslösern.
Alleine die Tatsache, nicht mehr in erster Linie Akteur, sondern neutraler Beobachter zu sein, verändert die Beziehung zur und das Verhalten gegenüber der Katze. Diese Form der Therapie wird daher auch als kognitive Verhaltenstherapie bezeichnet.
Faszinierend ist zu beobachten, dass gerade bei der Katze bereits die Metaposition, die der Besitzer mithilfe des Tierarztes in der Konsultation oft einnehmen kann, so deutlich zu Entspannung beitragen kann, dass z. B. ein Unsauberkeitsproblem bereits nach der Konsultation – und noch bevor weitere Maßnahmen durchgeführt wurden – gelöst ist.

Das **ethologische Reframing** oder die Umdeutung ist eine weitere machtvolle Intervention.
Beim ethologischen Reframing wird eine Aussage oder Interpretation in einen neuen Bedeutungsrahmen gestellt, das Symptom wird umgedeutet.
Das einfachste Reframing ist die völlig unwiderlegbare und banale Aussage: Eine Katze ist eine Katze. Das impliziert in weiterer Folge, dass sie sich auch wie eine Katze und nicht wie ein Mensch verhält.

Der Behauptung des Besitzers – *Meine Katze pinkelt überall auf den Teppich, weil sie eifersüchtig ist.* – wird die fachlich medizinische Ansicht des Tierarztes – *Die Katze hat Angst/Schmerzen* – gegenübergestellt.
Die Tatsache, dass sich Besitzer als Ziel boshafter, eifersüchtiger oder protestierender Aktionen ihrer Katze fühlen, kann für sich alleine schon zur Aufrechterhaltung und symmetrischen Eskalation des Problems beitragen. Wie rasch fällt dieses Gedankengebäude voller Enttäuschung, Aggression und Spannung in sich zusammen, wenn man dem Besitzer nach dem ersten, propädeutischen Teil der Konsultation einfach sagt: *Ich denke, Ihre Katze protestiert nicht gegen Ihren neuen Partner, sondern sie hat einfach Angst.* Der Effekt dieses Reframings ist unmittelbar: Die aggressive Stimmung wandelt sich in Mitgefühl und Bereitschaft, seiner ängstlichen Katze zu helfen.
Eine weitere kognitive Therapie ist die Bewertung im Zusammenhang mit Unsauberkeit und Harnmarkieren: Menschen haben in Bezug auf die Körperausscheidungen Harn und Kot ein völlig anderes Wertesystem als Katzen. Für Menschen werden Exkremente bereits ab dem Kleinkindalter durch die Erziehung ausgesprochen negativ bewertet. Für Katzen hingegen sind Körperausscheidungen nichts anderes als eben Körperausscheidungen. Somit müsste einer Katze dieser Unterschied in der Bewertung von Harn bewusst sein, um ihn gezielt gegen den Besitzer einzusetzen – *das macht sie absichtlich!*

Eine Methode, mit der man zu manchen Besitzern leichteren Zugang findet, ist die **Anwendung von Metaphern und Vergleichen.** Der Kreativität des Augenblicks sind hier keine Grenzen gesetzt, alles was der Katze und ihrem Besitzer hilft, ist erlaubt. Sehr bewährt haben sich Vergleiche, die aus dem unmittelbaren Lebensumfeld des

Besitzers kommen, oder Empfindungen, die jeder Mensch aus eigener Erfahrung kennt. *Mögen Sie es, in einer stressigen, angespannten Situation von einem Familienmitglied ausdauernd gestreichelt zu werden?*
Irritative Aggression einer gereizten Katze wird auf diese Art leichter verständlich und nicht mehr persönlich genommen.

Kognitive Therapie für die Katze

Kognitive Therapien für die Katze können natürlich nicht über sprachliche Wege vermittelt werden. Auch über einfache transitive Überlegungen (wenn – dann) hinausgehende Schlussfolgerungen sind für die Katze nicht möglich. Und dennoch kann über die veränderte Wahrnehmung die Kognition der Katze beeinflusst werden.

Die wichtigste kognitive Therapie ist die **Umwandlung von bestimmten Aktivitätsfeldern** in andere, die mit dem ursprünglichen Verhalten nicht kompatibel sind. Dadurch verändert sich die Bedeutung und Funktion dieses Ortes für die Katze.
So kann zum Beispiel ein Ausscheidungsort in einen Futterplatz umgestaltet werden, die Katze muss sich entscheiden, ob sie einen Futterplatz weiterhin für die Elimination benützt.
Eine andere Möglichkeit ist die Umwandlung von harnmarkierten Stellen in Bereiche, wo regelmäßig interaktiv gespielt wird.
Ruhe- oder Schlafplätze schließen Unsauberkeit oder Harnmarkieren nicht zwingend aus, sodass diese Umgestaltung nicht immer funktioniert.

Wenig kompatibel sind:
- Futterplatz und Unsauberkeit.
- Futterplatz und Harnmarkieren.
- Trinkplatz und Unsauberkeit.
- Trinkplatz und Harnmarkieren.
- Spielplatz und Harnmarkieren.
- Höhlenartige Rückzugsräume und Harnmarkieren.

Wenn die Motivation der Katze für ein Verhalten zwingend oder sehr hoch ist und sie kein alternatives Aktivitätsfeld dafür findet, wird die Umgestaltung nicht oder nur teilweise erfolgreich sein. In diesen Fällen ignoriert die Katze das Futter und eliminiert oder markiert an dieser Stelle oder sie trennt die Aktivitätszonen zeitlich und frisst zuerst das Futter, um dann zu markieren.

Rituale sind Verhaltensweisen, die ihre ursprüngliche Bedeutung verloren haben und zu einer Form der Kommunikation geworden sind. Rituale machen das Zusammenleben vorhersehbar und geben einem sehr an räumlichen, zeitlichen und sozialen Gewohnheiten orientierten Tier wie der Katze Sicherheit. Mit Ritualen kann eine ängstliche Katze ihrem Besitzer gegenüber Vertrauen fassen, weil er in seinen Handlungen vorhersehbar ist.

Ein übliches Ritual zwischen Katze und Besitzer ist das Betteln: Die Katze miaut und bettelt um Futter, wenn sie Zuwendung oder Abwechslung haben möchte. Das Trinken am tropfenden Wasserhahn, den natürlich der Besitzer aufdrehen muss ist ein ähnliches Ritual.
Die **Veränderung** von solchen **Ritualen** zwischen Katze und Besitzer verändert die Wahrnehmung dieser Interaktion und gibt der Katze nach anfänglicher Verunsicherung eine weitere Option. Das ritualisierte Futterbetteln könnte zum Beispiel vom Besitzer konsequent als Spielaufforderung umgedeutet werden.

7.4 Verhaltenstherapien

Allgemeines

Verhaltenstherapien sind Interventionen, die den auslösenden Stimulus und/oder die Konsequenzen eines Verhaltens beeinflussen.
Sie sind die praktische Umsetzung der Lerntheorien im Alltag. Die für die Therapie wesentlichsten Lernprozesse und Begriffe sind:

- Habituation.
- Klassische Konditionierung.
- Instrumentelle oder operante Konditionierung.
- Verstärkung.
- Strafe.
- Lernen durch Beobachtung.

Habituation:
Die Habituation ist die Fähigkeit zu lernen, auf bestimmte Reize nicht mehr zu reagieren. Mit der wiederholten Präsentation eines Reizes verringert sich die Reaktion darauf relativ dauerhaft. Jedes normale Individuum ist zur Habituation fähig.

Klassische Konditionierung:
Die klassische Konditionierung ist die Verknüpfung eines primär neutralen Stimulus mit einem **unbewussten** biologischen (vegetativen) Vorgang wie zum Beispiel Speichelfluss, Tachykardie, Transpiration, etc. (Tab. 7.1).

Tab. 7.1 Klassische Konditionierung.

Unbedingter Stimulus	Neutraler Stimulus	Reaktion
Futterangebot	–	Speichelfluss
Futterangebot	Ton	Speichelfluss
–	Ton	Speichelfluss

Der primär „neutrale" Ton wird durch die zeitliche Verknüpfung mit einem unbedingten Stimulus „Futterangebot" (der zur automatischen Reaktion „Speichelfluss" führt) zu einem **bedingten** oder **konditionierten Stimulus,** der die gleiche Reaktion „Speichelfluss" auslöst wie der Anblick von Futter.
Emotionen, Wahrnehmungen und vegetative Funktionen unterliegen dem Einfluss der klassischen Konditionierung.

Instrumentelle Konditionierung:
Die instrumentelle oder operante Konditionierung ist die Verknüpfung bestimmter **bewusster** Handlungen mit einer bestimmten Wirkung auf die Umgebung.
Die Art dieses Effekts hat einen Einfluss auf die Wahrscheinlichkeit des Wiederauftretens dieses Verhaltens. Die instrumentelle Konditionierung ermöglicht der Katze gewisse Beziehungen zur Umgebung zu verändern.

Verstärkung:
Eine Verstärkung ist ein Reiz, der die Wahrscheinlichkeit erhöht, dass ein Verhalten wieder auftritt.
Oder umgekehrt:

! Jeder Effekt, der die Frequenz, Dauer oder Intensität eines Verhaltens steigert, ist eine Verstärkung!

Es gibt eine weitere Unterteilung in
- positive Verstärkung (Belohnung): Die Katze **bekommt** etwas Angenehmes.
- negative Verstärkung: Ein eventuell zuvor hinzugefügter unangenehmer Reiz wird als Belohnung wieder **entfernt.**

Strafe:
Eine Strafe ist ein Reiz, der die Wahrscheinlichkeit verringert, dass ein Verhalten wieder auftritt. Einer Strafe kann die Katze nicht entkommen. Wenn die Strafe von der Katze vorhergesehen und vermieden werden kann, wird sie zur negativen Verstärkung.
Oder umgekehrt:

! Jeder Effekt, der die Frequenz, Dauer oder Intensität eines Verhaltens reduziert, ist eine Strafe!

Es gibt eine weitere Unterteilung in:
- Positive Strafe: Die Katze **erhält** etwas Unangenehmes als Effekt auf ihre Handlung.
- Negative Strafe: Der Katze wird etwas Angenehmes **weggenommen.**

Verstärkung oder Strafe beziehen sich somit auf den Effekt, den der Reiz auf die Frequenz, Dauer oder Intensität des nachfolgenden Verhaltens hat.

Positiv oder negativ bezieht sich auf die Tatsache, ob die Katze als Konsequenz ihres Verhaltens etwas bekommt oder ihr etwas weggenommen wird, sei es für sie angenehm oder unangenehm (Tab. 7.2).

Tab. 7.2 Verstärkung und Strafe, positiv und negativ.

Wahrscheinlichkeit, Frequenz, Dauer, Intensität des Verhaltens	Katze bekommt etwas	Katze verliert etwas
↑	Positive Verstärkung (R+)	Negative Verstärkung (R–)
↓	Positive Strafe (P+)	Negative Strafe (P–)

Lernen durch Beobachtung:
Lernen durch Beobachtung findet statt, wenn ein Tier eine bestimmte Sequenz von Ereignissen bei einem anderen Individuum beobachtet und sein eigenes Verhalten in der Folge beim Vorliegen vergleichbarer Stimuli ändert.
Katzen sind in der Lage auf diese Art sozial zu lernen.
Eine wichtige Grundlage für soziales Lernen ist eine **Bindung** an das Individuum von dem gelernt wird – in erster Linie die Katzenmutter oder andere erwachsene Individuen.
Weitere Voraussetzungen sind Aufmerksamkeit, Erinnerungsvermögen, motorische Nachahmung und Motivation.

Verhaltenstherapeutische Techniken, die sich aus einem oder mehreren dieser Lernprozesse zusammensetzen sind:
- Gezielte Habituation.
- Kontrollierte Reizüberflutung.
- Systematische Desensibilisierung.
- Gegenkonditionierung.
- Clickertraining.
- Extinktion.
- Strafe.
- Lernen durch Beobachtung.

Gezielte Habituation

Die gezielte Habituation ist die einfachste Form der Verhaltenstherapie, sie erfordert kein spezielles Wissen, praktisch keinen Zeiteinsatz und Aufwand von seiten des Besitzers.
Habituation ist der Grund, warum auch alleinige anxiolytische Medikation wirksam sein kann, da die Katze dadurch in einen lernfähigen Zustand versetzt wird, in dem Habituation wieder stattfindet.
Bei der gezielten Habituation wird einfach sichergestellt, dass sich die Katze einem **milden** angstauslösenden Reiz so lange nicht durch Flucht entziehen kann, bis die emotionalen Reaktionen geringer werden.

Praktische Beispiele:

- Anwesenheit eines Menschen in einem Raum mit der Katze. Es findet keinerlei Interaktion statt, die Katze wird also nicht angesehen, angesprochen oder berührt.
- Wohnfläche wird durch Türenschließen verkleinert, sodass die Katze mehr im Zentrum des Geschehens bleiben muss.
- Freilaufsperre für Katzen, die sich dem Kontakt mit einem Neuzugang (Katze, Mensch, Hund) durch Fernbleiben zu entziehen versuchen.

Indikation:
Gezielte Habituation kommt vor allem bei allen Angststörungen zum Einsatz.
Vorteile: Kein Wissen, spezielle Technik oder Zeitaufwand notwendig.
Nachteile: Keine.

Kontrollierte Reizüberflutung

Der Übergang von der Habituation zur kontrollierten Reizüberflutung ist fließend. Diese ist eine Habituation mit intensiveren und vielfältigeren Reizen, denen die Katze so lange ausgesetzt bleibt, bis eine emotionale Entspannung eintritt. Bis das der Fall ist, und das können viele Stunden oder auch Tage sein, befindet sich die Katze in einem hochgradigen Stresszustand mit all seinen vegetativen unangenehmen Auswirkungen und Empfindungen!

Wenn sich die Katze dieser Situation entziehen kann oder aus einem anderen Grund (zum Beispiel weil der Besitzer nicht mehr zusehen kann) **vor dem Erreichen einer Entspannung** aus der Reizsituation entfernt wird, kommt es zum gegenteiligen Effekt der Sensibilisierung. Die Symptome werden beim nächsten Mal noch schneller und noch intensiver auftreten (Abb. 3.21, S. 53).

Obwohl die Reizüberflutung in der Humanpsychotherapie vor allem durch die vielfältigen Möglichkeiten der „Virtual Reality“ eine der gängigsten Methoden bei der Behandlung von Phobien ist, bleibt ihr Einsatz in der Veterinärpsychiatrie zumindest fraglich. Menschen können sich bewusst für diese extreme emotionale Belastung entscheiden und sich ihr freiwillig aussetzen, weil sie den Sinn dahinter erkennen. Katzen würden vom Menschen in diese Situation gezwungen. Kontrollierte Reizüberflutung ohne begleitende Medikation ist daher unserer Meinung nach tierschutzrelevant.

Praktische Beispiele:

- Im Tierheim und bei Klinikaufenthalten werden manche Katzen unbewusst und gezwungenermaßen einer – unkontrollierten – Reizüberflutung ausgesetzt.
- Nähe zu anderen Katzen oder Menschen oder Hunden wird erzwungen, indem die Katze ohne Fluchtmöglichkeit in einem Käfig eingesperrt ist.
- Sehr junge Katzen (z. B. eingefangene Kitten von wildlebenden Müttern) so lange unter milder angstlösender Medikation festhalten und leicht streicheln, bis sie sich etwas entspannen.

Indikationen:
Spezifische und multiple Phobien, Angststörungen.
Vorteile: Bei korrekter Durchführung sehr effektiv.
Nachteile: Die Gefahr der Sensibilisierung ist bei fehlerhafter Durchführung relativ groß, ohne Medikation tierschutzrelevant.

Systematische Desensibilisierung

Die systematische Desensibilisierung ist die gezielte Habituation in einem **entspannten Zustand** durch **schrittweise** Exposition gegenüber einem Reiz mit **langsam steigender Intensität.**

! Die Katze soll bei dieser Technik nie in eine Emotion der Angst kommen; wenn das passiert, war das Vorgehen zu schnell.

Ein Entspannungszustand wird durch eine der Katze angenehme Aktivität wie Fressen, Spielen, Streicheln, Massage, Fellpflege etc. oder vor allem auch durch Medikation erreicht.
Ein Reiz kann je nach seiner Natur durch Distanz, Verkleinerung, Bewegungslosigkeit, Reduktion der Intensität oder Dauer abgeschwächt werden.

Praktische Beispiele:
- Geräusche: Lautstärke reduzieren.
- Menschen: Abstand halten, unbeweglich bleiben, Verkleinerung zuerst durch Hinlegen, später Sitzen.
- Kontakt: Kontaktzeiten beim Streicheln, Kämmen, Untersuchung, Manipulation etc. verkürzen; Kontakte zunächst auf weniger sensible Zonen beschränken.

Für eine systematische Desensibilisierung muss der auslösende Reiz genau bekannt sein:
- Ab welcher Distanz oder nach welcher Zeit zeigt die Katze Angstsymptome vor Menschen, Katzen, Hunden?
- Bei welchem Geräusch und ab welcher Lautstärke zeigt die Katze Angstsymptome?
- Nach welcher Zeit des Körperkontakts reagiert die Katze aggressiv?

Indikationen:
Spezifische oder multiple Phobien, Angststörungen, irritative Aggression (petting & biting)
Vorteile: Sehr effektive und ethische Technik.
Nachteile: Zeit- und arbeitsaufwändig für den Besitzer; fehleranfällig bei Ungeduld, eine versehentliche Sensibilisierung ist möglich.

Gegenkonditionierung

Bei der Gegenkonditionierung wird ein **unerwünschtes Verhalten** durch ein anderes (oder neues), mit dem unerwünschten inkompatiblen, Verhalten **ersetzt.**
Man kann unterscheiden zwischen:

- **Klassische Gegenkonditionierung**
  Die klassische Konditionierung ist eine Ausbaustufe der systematischen Desensibilisierung.
  Es wird nicht nur ein entspannter Zustand wie bei der systematischen Desensibilisierung, sondern ganz gezielt eine Assoziation zwischen einem angstauslösenden Reiz mit einem angenehmen Ereignis hergestellt. Damit stehen nach einiger Zeit die Angst und das angenehme Ereignis in Konkurrenz.

Praktisches Beispiel:

Tab. 7.3 Beispiel für eine klassische Gegenkonditionierung.

Unbedingter Stimulus	Angst auslösender Reiz	Reaktion
–	Besucher	Angst
Futter	Besucher	Speichelfluss und Hunger
–	Besucher	Speichelfluss und Hunger

In diesem Beispiel aus Tab. 7.3 löst der Besuch von fremden Menschen bei der Katze Angst aus. Bei der Gegenkonditionierung wird die Ankunft des Besuchers mit einem besonders begehrten Futter verknüpft – die vegetativen Reaktionen aufgrund von Angst vor dem Besuch und die vegetativen Reaktionen des Stoffwechsels schließen einander aus. Durch konsequente und wiederholte Assoziation des Besuchs mit Futter wird die eine Konditionierung „Besuch → Angstreaktion" durch eine neue „Besuch → mmh, es gibt Futter" ersetzt. Der Besuch wird in Zukunft die Ankündigung eines angenehmen Ereignisses, es kommt zur Umkonditionierung der gesamten unbewussten vegetativen Reaktionen in Richtung parasympathikoton (Speichelfluss, Magen- und Darmsekretion, etc.) statt sympathikoton (Flucht oder Angriff).
Als klassische Konditionierung wirkt diese Technik mit der Zeit auf Stimmung, Emotionen, Wahrnehmungen und vegetative Reaktionen.
Voraussetzung für eine gute Gegenkonditionierung ist eine **Abschwächung** des angstauslösenden Reizes wie bei der systematischen Desensibilisierung und eine hohe Motivation für den unbedingten Stimulus.

Indikationen:
Spezifische und multiple Phobien, alle Angststörungen, irritative Aggression.
Vorteile: Sehr effektive und langfristig wirksame Technik.

Nachteile: Viele Wiederholungen sind erforderlich, daher sehr zeitaufwändig; gutes Timing erforderlich, Risiko einer versehentlichen weiteren negativen Konditionierung.

- **Instrumentelle Gegenkonditionierung**
  Bei der instrumentellen Gegenkonditionierung wird die Katze belohnt (positiv verstärkt) wenn sie statt des unerwünschten Verhaltens ein anderes, erwünschtes zeigt.
  Manchmal muss der Katze zuerst ein neues Verhalten beigebracht werden, das dann in Konkurrenz mit dem unerwünschten gebracht wird.
  Disruptiver Reiz: Ein Reiz, der gerade ausreicht, um das unerwünschte Verhalten kurz zu unterbrechen und um das neu erlernte gewünschte Verhalten abrufen zu können. Ein disruptiver Reiz für die Katze soll sehr dezent ausfallen, um nicht angstauslösend zu wirken, insbesondere wenn sie zuvor schon bestraft wurde.

  Praktische Beispiele:
  - Die Katze wird mit einem interaktiven Spiel belohnt, wenn sie an ihren Kratzstellen kratzt und nicht am Sofa. Diese Gegenkonditionierung wird mit der Zeit ein Ritual zur Spielaufforderung.
  - Die Katze A lernt auf Ruf zu kommen und zu sitzen oder eine andere einfache Übung, für die sie eine Belohnung (Futter, sozialer Kontakt, Spiel, etc.) erhält. In einer Situation, in der die Katze A die Katze B bedroht oder vorhat, sie zu bedrohen, kann sie durch einen disruptiven Stimulus abgelenkt und die neue Übung als Alternative abgerufen werden.

  Indikationen:
  Alle unerwünschten Verhaltensweisen, kompetitive Aggression.
  Vorteile: Erweitert die Verhaltensoptionen der Katze; Aufmerksamkeit liegt auf dem, was die Katze tun soll und nicht darauf was sie nicht tun soll; sehr vielseitig einsetzbar.
  Nachteile: Viele Wiederholungen (500–1000) sind erforderlich, daher arbeits- und zeitaufwändige Technik; richtiges Timing erforderlich; Motivation bei Katzen ist eine Herausforderung; wirkt nur, wenn der Besitzer anwesend ist.

Clickertraining

Das Clickertraining ist eine der praktischen Anwendungsmöglichkeiten der instrumentellen Gegenkonditionierung mit einem akustischen Signal („click") als symbolischer positiver Verstärkung.

- **Erste Phase: Klassische Konditionierung und erste Übung in einem**
  Da die Katze sehr zu statischem Verhalten neigt, ist es sinnvoll, die klassische Konditionierung gleichzeitig mit einer einfachen Übung zu verbinden, bei der die Katze schon aktiv werden muss. Der Katze wird ein Kochlöffelstiel (eventuell in etwas gut riechendes getupft) als **Target** wenige Zentimeter vor die Nase gehalten. Praktisch

alle Katzen nähern sich einem solchem Objekt mit der Nase. Bei Kontakt mit dem Target wird die Katze mit einem a priori neutralen Reiz wie dem „Click“ eines Knackfrosches (wenn man noch eine Hand frei hat), Kugelschreibers oder am einfachsten mit einem leisen Zungen- oder Lippenschnalzen zuerst symbolisch und sofort anschließend mit einem bereitgestellten kleinen Leckerbissen belohnt. Bereits nach wenigen Versuchen ist für die meisten Katzen der Zusammenhang Geräusch-Futter (klassische Konditionierung) klar.

- **Zweite Phase: Instrumentelle Konditionierung und Shaping**
  Das klassisch konditionierte Geräusch kann nun als punktgenaue Bestätigung (symbolische Belohnung) für ein Verhalten auch auf Distanz und quasi als Vorankündigung oder Versprechen für die folgende materielle Futterbelohnung eingesetzt werden.
  Shaping bedeutet, dass ein bestimmtes Verhalten langsam und schrittweise geformt wird, indem die Katze anfangs bereits für den allerkleinsten richtigen Ansatz der gewünschten Übung ein „Click“ erhält. Aus den Ansätzen werden nach und nach nur noch die besseren durch Belohnung selektiert und die anderen ignoriert, bis die Übung oder Verhaltenssequenz komplett ist.
  Beispiele: Der Abstand zwischen Kochlöffelstiel (später kann auch ein Finger als Target benutzt werden) und Katze wird langsam vergrößert oder die Höhe wird variiert. Im einen Fall muss die Katze nicht nur den Kopf ausstrecken, sondern einen Schritt machen. Im anderen Fall lernt sie auf den Hinterbeinen zu sitzen. Katzen können sehr gut lernen, auf einem bestimmten Platz (z. B. auf einem Regal, Sessel, in einem Karton, im Katzentransporter) zu sitzen, auch sehr ausdauernd.
  Als Alternative ist die instrumentelle Gegenkonditionierung für sehr viele Verhaltensweisen einsetzbar (Aggression gegenüber Besuchern oder anderen Katzen im gleichen Haushalt, umgerichtetes Jagdverhalten etc.).
  Jede freundliche Annäherung (Nasenkontakt) von zwei Katzen kann für beide Katzen positiv verstärkt werden. In einem gewissen Sinne entsteht dadurch ein „Team“ aus den Katzen – sie lieben sich vielleicht nicht, können aber bald beide den Vorteil der gegenseitigen Toleranz oder Freundlichkeit erkennen.

Indikationen:
Vielseitig einsetzbar für Erziehung und alle unerwünschten Verhaltensweisen.
Vorteile: Einfach zu erlernen; wenig nachteilige Folgen bei falschem Einsatz; stimmungs- und personenunabhängige Belohnung; eröffnet eine neue Kommunikationsebene für die Mensch-Tier-Beziehung; macht Spaß.
Nachteile: Zeitaufwändig; Motivation von Katzen ist eine Herausforderung.

Extinktion

Neben positiven angenehmen und negativen oder unangenehmen Konsequenzen kann ein Verhalten auch neutrale Effekte für die Katze haben. In diesem Fall sinkt die Wahrscheinlichkeit, dass dieses Verhalten in Zukunft wieder auftritt. Wenn dieses Verhalten bisher positive Effekte hatte, wird es zuvor allerdings für eine kurze Phase von bis zu zehn Tagen intensiver.
Praktisch bedeutet Extinktion komplettes Ignorieren der Katze: Nicht ansehen, nicht anreden, nicht berühren, nicht an sie denken.
Die größte Schwierigkeit bei der Extinktion ist die versehentliche und zufällige Belohnung, die langfristig einen extrem stabilisierenden Effekt auf das unerwünschte Verhalten hat.

Praktische Beispiele:
- Katze erhält kein Futter mehr, wenn sie schreiend darum bettelt, nachts herumtobt oder an der Tür kratzt.
- Katzen, die auf die Anrichte oder den Tisch springen, um sich selbst zu bedienen und nur in einem von Hunderten Versuchen Futter finden, werden dieses Verhalten aufgrund der Zufallsbelohnung konsequent fortsetzen.

Indikationen:
Die Extinktion eignet sich vor allem für soziale Interaktionen, die vom Besitzer versehentlich belohnt wurden.
Vorteile: Einfache und sehr effektive Technik.
Nachteile: Alle Aktivitäten, die für die Katze selbstbelohnend sind oder deren positive Effekte vom Besitzer nicht kontrolliert werden können, entziehen sich dieser Technik.

Strafe

Eine Strafe ist jeder Reiz, der bewirkt, dass ein Verhalten in Frequenz, Dauer oder Intensität reduziert wird.

Charakteristika von Strafe:
- Die Katze lernt durch Strafe keine neuen Verhaltensweisen.
- Strafe muss konsequent und systematisch angewendet werden, um wirksam zu sein.
- Strafe muss zeitgerecht möglichst am Beginn oder noch während des Verhaltens erfolgen.

Der Begriff der Strafe wird vom Besitzer üblicherweise mit einer moralischen Dimension verbunden, die jedoch mit dem lerntheoretischen Begriff der Strafe nichts zu tun hat.
Diese Implikation von Moral, Gerechtigkeit und sogar Rache hat in jedem Fall negative Auswirkungen auf die Mensch-Katze-Beziehung, weil sich persönliche Emotionen wie Zorn, Wut, Ärger und Frustration mit den Handlungen mischen. Die meis-

ten von Besitzern durchgeführten Korrekturen und Bestrafungen sind zwar vom menschlichen Standpunkt aus verständlich aber im günstigsten Fall wirkungslos, im schlechteren massiv anxiogen.

- **Direkte Strafe:**
  Die Katze wird direkt und unmittelbar vom Besitzer bestraft. Viele Besitzer haben diese Möglichkeiten bereits ausgeschöpft und versucht, die Katze durch
  - Anschreien,
  - physische Strafe,
  - Einreiben der Katze mit Harn oder Kot,
  - etc.

  zu bestrafen.

Diesen Besitzern sollte mit Empathie begegnet werden (auch wenn es schwer fällt) um sie auf dieser Basis an eine neue Bindung zur Katze und bessere Optionen heranzuführen.
Vorteile: Keine; wenn sie eingesetzt wird, muss darauf geachtet werden, dass sie zeitgerecht erfolgt und die Katze tatsächlich eine Alternative für ihr Verhalten hat.
Nachteile: Die Katze lernt nichts dabei, direkte Strafen wirken sehr leicht anxiogen. Körperliche Strafen sind für die Katze unverständlich.

- **Sogenannte anonyme Strafen:**
  Die Strafe soll für die Katze nicht erkennbar vom Besitzer kommen. Beispiele dafür sind
  - Anspritzen mit Wasser aus der Blumenspritze oder Spritzpistole,
  - Nachwerfen von kleinen Gegenständen,
  - etc.

Diese Strafen sind weit davon entfernt, anonym zu sein. Katzen erkennen sehr rasch, von wem die Maßnahme ausgeht. Außerdem sind diese Hilfsmittel nur selten im richtigen Moment griffbereit, sodass der zeitgerechte Einsatz mehr als fraglich ist.
Bei der Korrektur von Aggressionen unter Katzen kann sich die vermeintliche Bestrafung der proaktiven Katze noch weiter negativ auf die reaktive Katze auswirken, weil diese sich betroffen fühlt und noch unsicherer wird.
Vorteile: Meistens wirksame, katzengerechte Möglichkeiten der Korrektur, wenn sie zum richtigen Zeitpunkt angewendet werden; eventuell als disruptiver Reiz in Kombination mit einer instrumentellen Gegenkonditionierung einsetzbar.
Nachteile: Die Strafe bleibt direkt, auch wenn sie auf Distanz erfolgt und kann mit dem Besitzer assoziiert werden.

- **Tatsächlich anonyme Strafen:**
  Richtige anonyme Strafen wirken unabhängig vom Besitzer. Der aversive Effekt ergibt sich für die Katze aus der Situation, ihrem Verhalten oder dem Kontext.
  Beispiele sind:
  - Gespannte umgedrehte Mausefallen: Diese werden in der Literatur vielfach empfohlen, um bestimmte Orte aversiv zu gestalten. Für leicht zu beeindruckende Katzen sind sie wirksam, intelligente Katzen finden sie erheiternd.

- Doppelseitige Klebebänder: Diese können an Orten oder Oberflächen direkt oder indirekt (auf einer Trägerfläche wie Karton, die befestigt wird) angebracht werden. Vor allem unerwünschte Kratzstellen können auf diese Art aversiv gestaltet werden. In Einzelfällen ignorieren Katzen das unangenehme Gefühl der klebrigen Oberfläche ausreichend lange, bis so viel Haare und Staub daran kleben, um sie unwirksam zu machen.
- Spitze Kieselsteine aufstreuen.
- Fallkonstruktionen: Auf Anrichten oder Tischen kann eine dünne Platte mit leichten geräuschverursachenden Objekten (Coladosen mit trockenen Erbsen, Plastikdosen oder -flaschen) aufgelegt werden, die abkippen, sobald die Katze darauf landet.
- Durch Bewegungsmelder ausgelöstes Spray (SssCat®): Der Bewegungsmelder gibt einen Warnton ab, sobald sich die Katze innerhalb der Tabuzone befindet und anschließend einen zischenden Stoß mit Druckluft (Abb. 7.6a und b). Nach einiger Zeit reicht der Warnton, um die Katze fernzuhalten.
- Durch Sensor ausgelöstes Halsband: Funktioniert nach dem gleichen Prinzip, aber der Luftstoß kommt von einem Halsband, das die Katze trägt. Dasselbe System mit dem Halsband kann auch als unsichtbarer Zaun im Freien eingesetzt werden.

Indikationen:
Strafen sollten nur in Ausnahmefällen, wenn alle anderen besseren Techniken versagt haben und nur in Kombination mit anderen therapeutischen Strategien eingesetzt werden. Strafen wirken bei der Katze häufig anxiogen und sind für die Therapie psychischer Erkrankungen ungeeignet, da die Katze keine Gelegenheit hat, neue und besser angepasste Verhaltensweisen zu finden, die sie wieder in ein psychisches Gleichgewicht bringen.

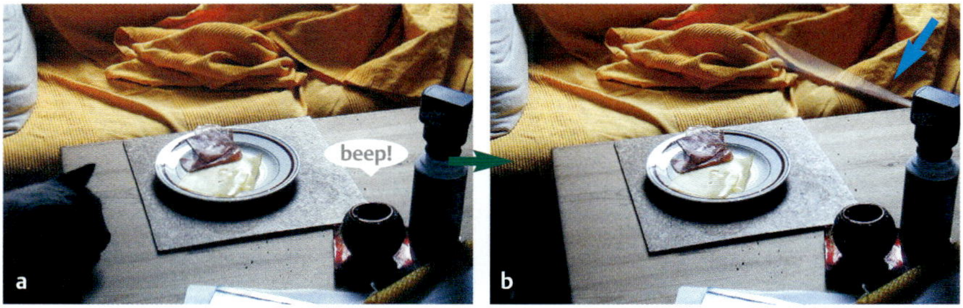

Abb. 7.6a,b **a** Die Katze kommt in den Bereich des Sensors und bekommt einen Warnton. **b** Auf dem zweiten Bild ist der Sprühstoß (Pfeil) zu sehen und die Katze nicht mehr.

Lernen durch Beobachtung

In Einzelfällen kann eine zweite Katze einen therapeutischen Effekt auf eine psychisch erkrankte Katze haben. Diese Therapie wirkt nur, wenn es eine intensive Bindung zwischen beiden Katzen gibt. Die Vorbildkatze muss sowohl auf Katzen als auch Menschen sehr gut sozialisiert sein. Diese Option sollte nur nach **sehr sorgfältiger Abwägung** und einem Plan B für die allfällige Unterbringung der neuen Katze, falls es nicht klappt, gewählt werden.

Indikationen:
Deprivationssyndrom, Phobie vor Menschen, aber sehr gute Sozialisierung und Bindung an andere Katzen.
Vorteile: Wenn die beiden Katzen harmonieren, lernt die ängstliche Katze sehr schnell.
Nachteile: Zweitkatze muss eventuell wieder abgegeben werden, wenn die Katzen sich nicht verstehen.

7.5 Spieltherapie

Die Jagd ist für die freilebende Katze, die sich selbst versorgen muss, eine der wichtigsten Tätigkeiten und kann bis zu 46% der Tagesaktivität beanspruchen.
Wenn sich die in der Familie lebende Katze weder um Futter noch um Fortpflanzung bemühen muss, bleibt daher ein in der Hierarchie mit sehr viel Energie und Motivation versehenes Verhalten ungenutzt. Jagdverhalten kann auf ungeeignete Opfer umgerichtet werden. Dieses ungenutzte Jagdverhalten kann bis zu einem gewissen Grad durch Spiel beziehungsweise Jagdspiele ersetzt werden.
Zu grobe Kampfspiele mit dem Besitzer untergraben die Selbstkontrolle der Katze und sollten durch kontrolliertes soziales Spiel ersetzt werden.

Die Spieltherapie

- ist der therapeutische Einsatz einer artgerechten Beschäftigung.
- kanalisiert überschüssige Energie und lenkt sie auf entsprechende Objekte um.
- wirkt anxiolytisch.
- kann die Erziehung zur Selbstkontrolle unterstützen.

Es ist zwischen individuellem oder Jagdspiel, Futterspielen und sozialem Spiel zu unterscheiden.

Individuelles, Objekt- oder Jagdspiel

Katzen jagen alleine, und wenn Spiel als Therapie und Ersatzbeschäftigung für die Jagd zum Einsatz kommt, sollte die Katze ohne Belästigung durch andere Katzen spielen können. Störend und irritierend in der Jagdsequenz wirken auch Körperberührungen oder Anreden durch den Menschen.

Viele Katzen haben Vorlieben für bestimmte Beutetiere, die es herauszufinden gilt. Spielobjekte sollen diese Beutetypen möglichst realistisch nachahmen.

Ganz allgemein sollten die Beuteattrappen nicht zu groß und nicht zu laut sein – handelsübliches Katzenspielzeug ist vielfach entweder unrealistisch oder zu groß und angstauslösend. Alles, was die Katze interessiert und ungefährlich ist (bei kontrolliertem Spiel), ist erlaubt:

- Mäuse und andere Kleinsäuger: Fellmäuse, kleine Bälle, an einer Angel befestigte Beuteattrappen, kleine Bälle aus Alufolie, Papier, Zellophan etc.
- Schlangen, Eidechsen: An einer Angel befestigte Bänder (z. B. CatCharmer®).
- Fliegen, Heuschrecken, Schmetterlinge: Kleine an einem elastischen Draht befestigte Objekte (z. B. CatDancer®).
- Vögel: Federbüschel an einem Stab oder einer Angel, rotierende Federbüschel an einer Angel (z. B. Feather Bird®).

Spieltherapie bedeutet **interaktives Spiel.** Der Besitzer übernimmt dabei mit dem Spielobjekt die Beuterolle: Er macht kurze ruckartige Bewegungen, versteckt die Beute, lässt sie nach einer Weile wieder zum Vorschein kommen, an einer Ecke verharren und wieder verschwinden.

Herumliegendes Spielzeug ist keine Spieltherapie.

! Die Spielsequenzen sollten 1- bis 2-mal täglich, vorzugsweise am Morgen und am Abend, 20 bis 30 Minuten dauern. Eine Cool-down-Phase am Ende verhindert, dass ein plötzlicher Spielabbruch die Frustration steigert anstatt verringert.

Laserpointer können unter bestimmten Bedingungen als Beuteattrappe eingesetzt werden:

- Den Laserstrahl nicht auf die Augen der Katze oder reflektierende Oberflächen richten!
- Der Laserpointer darf als Aktivierung und Motivation eingesetzt werden, aber **das Spiel muss anschließend auf reale Objekte umgelenkt werden,** um Frustration zu vermeiden.
- Bei allen Anzeichen von Zwanghaftigkeit und gesteigerter Erregung nach dem Spiel ist der Laserpointer kontraindiziert, da obsessiv-kompulsive Störungen ausgelöst werden können.

! Kinder und familienfremde Personen wie Freunde oder Besucher dürfen wegen der Risiken keinen Laserpointer im Katzenspiel verwenden!

Vor dem Spiel mit dem Laserpointer werden Trockenfutter und/oder Beuteattrappen an bestimmten Stellen versteckt. Während des Spiels lässt man die Katze, diese versteckten realen Dinge finden, indem man mit dem roten Punkt darauf zeigt.

Futterspiele

An wechselnden Orten verstecktes Futter erhöht den Zeitaufwand, den die Katze dem Fressverhalten widmen muss. Diese Futtersuche oder das Erarbeiten von Futter dient in gewissem Sinne als Ersatzbeschäftigung für den Streifgang im Revier. Die Katze jagt zwar um zu jagen und nicht um zu fressen, aber Hunger fördert die Suche nach Beute.

- Viele kleine Trockenfutterverstecke kommen dem Bedürfnis der Katze nach mehreren Mahlzeiten entgegen. Trockenfutter kann auch in kleine Schachteln verpackt werden, die noch geöffnet oder zerrissen werden müssen, damit die Katze an das Futter kommt.
- Die Futterplätze werden variiert, wodurch die Katze immer alle Plätze absuchen muss, da sie ja nicht weiß, an wie vielen Stellen diesmal Futter zu finden ist.
- Trockenfutter in kleinen Bällen oder Dosen mit Loch muss von der Katze durch Bewegen und Drehen des Objektes einzeln erarbeitet werden. Aus gelöcherten Rasensteinen oder Kartons muss das Futter mit der Pfote herausgeangelt werden (Abb. 7.3, S. 151).

Um die Katze nicht zu frustrieren, dürfen die Anforderungen nur langsam, der Motivation und den kognitiven Fähigkeiten der Katze entsprechend, gesteigert werden. Futterverstecke können als kognitive Therapie bei Unsauberkeit oder Harnmarkieren eingesetzt werden (S. 157).

Soziales Spiel

Jungkatzen lernen ab der 3. Woche im sozialen Spiel mit ihren Geschwistern und der Katzenmutter alle agonistischen Verhaltensweisen und die Kommunikation mit anderen Katzen. Sie beißen und kratzen sich gegenseitig und lernen aufgrund der Reaktionen ihres Spielgefährten ihr Zubeißen zu kontrollieren.
Defizite in dieser Erziehung zur Selbstkontrolle führen zu aggressivem Spiel.
Auch das Fördern von rücksichtlosem, grobem Spiel durch Menschen oder das Angebot von Händen oder Zehen als Spielobjekt untergräbt jegliche erlernte Selbstkontrolle.
Soziales Spiel mit Menschen soll kontrolliert und nicht zu grob sein. Bevor das Spiel eskaliert und zu grob wird bekommt die Katze eine Warnung, zum Beispiel au oder wehe und das Spiel wird sofort abgebrochen.
Diese Spielpause, in der die Katze vollkommen ignoriert wird, ein „Time out", dauert ungefähr 30 bis 60 Sekunden oder so lange bis die Katze wieder beruhigt und kontrolliert erscheint. Dann beginnt das Spiel von neuem. Die negative Empfindung des plötzlichen Spielabbruchs und Ignorierens reicht aus, um der Katze eine bessere Selbstkontrolle beizubringen, damit das Spiel weitergeht. Bei besonders heftigen oder hartnäckigen Katzen hilft oft ein Fingerschnalzen an die Ohrmuschel. Dies entspricht in etwa dem Ohrenschnappen oder -beißen durch eine andere Katze.

Bei Katzen mit einer Hyperaktivitätsstörung oder einer dyssozialen Persönlichkeitsstörung erleichtert die Medikation das Erlernen der Selbstkontrolle.

Grundsätzlich ist von Rangelspielen zwischen Mensch und Katzen aber eher abzuraten. Die Gefahr, dass die Katze aus Angst oder zur Abwehr heftiger reagiert, weil der Mensch die Spielregeln nicht beherrscht, ist ziemlich groß.
Wenn menschliche Körperteile bereits als Spielobjekte für Kampfspiele angeboten wurden, kann die Katze auf bestimmte Schutzkleidung wie Handschuhe aus Fell oder Stofftiere umkonditioniert werden.
Zu grobes oder rücksichtsloses Sozialspiel mit anderen Katzen kann außer mit Medikamenten und Gegenkonditionierung nicht gut beeinflusst werden.

Spezielle Situationen zur Anwendung von Spieltherapie:

- Umgerichtetes Jagdverhalten: Die Verhaltenssequenz wird in der Phase des Auflauerns durch einen disruptiven Reiz, wie zum Beispiel in die Hände klatschen oder pfeifen, unterbrochen und dann auf ein geeignetes Objekt wie eine Fellmaus oder einen Tischtennisball, das der Besitzer von sich wegwirft, umgelenkt.
  Der Ball darf **nicht** geworfen werden, wenn die Katze den Angriff **bereits gestartet** hat und am Fuss des Besitzers hängt, da in diesem Fall die Attacke belohnt und somit in der Frequenz oder Intensität gesteigert würde.
- Umgerichtetes Jagdverhalten: Da Bewegung für jagdlich motivierte Angriffe ein Auslöser ist, sind herumliegende Fellmäuse keine Alternative zu bewegten Füßen oder Beinen. Um die Attacken von den Füßen abzulenken, kann der Besitzer an seinem Bein eine ausreichend lange Schnur mit einer Fellmaus befestigen und mit dieser durch die Wohnung gehen.
- Klassische Gegenkonditionierung: Spiel kann – ähnlich wie Futter – als unbedingter Reiz bei einer klassischen Gegenkonditionierung genützt werden, indem die Anwesenheit eines angstauslösenden Reizes (andere Katze, Mensch, Hund, etc.) mit dem angenehmen Ereignis (und den dabei ausgeschütteten Neurotransmittern) eines Spiels positiv verknüpft wird (S. 165).
- Instrumentelle Gegenkonditionierung: Spiel eignet sich vor allem für aktive und lebhafte Katzen auch als positive Verstärkung bei einer instrumentellen Gegenkonditionierung. Ein Beispiel: Eine Katze bedroht eine andere Katze. Die instrumentelle Gegenkonditionierung: Die aggressive Katze wird vom Besitzer herangerufen, muss vor ihm oder auf einem Sitzbrett am Kletterbaum sitzen und wird dann mit einem Spiel belohnt.

Indikationen:

Wohnungshaltung von aktiven Katzen, Eingewöhnen neuer Katzen, Übergewicht, Hyperaktivitätsstörung, dyssoziale Persönlichkeitsstörung, abhängige Persönlichkeitsstörung, alle Angststörungen.

Vorteile:

- Mentale und körperliche Auslastung für aktive Katzen. Autonomie der Katze erhöht sich bei abhängigen Katzen.
- Exploration initiieren.

- Konzentriertes Spiel in entspannter Atmosphäre wirkt anxiolytisch und fördert das Selbstbewusstseins bei unsicheren und ängstlichen Katzen.
- Selbstkontrolle verbessert sich bei Defiziten.

Nachteile:
- Relativ viel zeitlicher und persönlicher Einsatz durch den Besitzer erforderlich.
- Richtiges Spiel mit Katzen muss erlernt werden.
- Kreativität beim Erfinden von Verstecken.
- Im Mehrkatzen-Haushalt ungleiche Nutzung von Futterverstecken.

7.6 Chirurgische Maßnahmen

Die Kastration ist eine geeignete Methode sexuell bedingtes Harnmarkieren von Katern und Kätzinnen zu therapieren. Vor allem der kastrierte Kater behält bis zu einem gewissen Grad sexuelle Verhaltensweisen und wird durch die Kastration nicht sexuell neutral.

Die **Penisamputation** oder chirurgische **Durchtrennung des M. ischiocavernosus** ist keine Therapie für Harnmarkieren. Der Penis oder das Anheben des Penis sind für das Harnmarkieren nicht notwendig, denn auch weibliche Katzen können mit Harn spritzen. Die Motivation wird nicht verändert, die Katze erreicht durch die Operation kein besseres psychisches Gleichgewicht.
Ähnliches gilt für die indiskutable Idee der Durchtrennung des Tractus olfactorius, die nach heutigem Wissens- und Entwicklungsstand der Verhaltensmedizin als völlig obsolet anzusehen ist.

Das Gleiche gilt für die in den USA übliche routinemäßige **Krallenamputation** („Declawing" gleichzeitig mit Kastration). In Einzelfällen, wenn das Leben einer aggressiven Katze auf dem Spiel steht, könnte eine Krallenamputation erwogen werden.

Die **Schwanzamputation** oder Teilamputation wird manchmal als therapeutische Möglichkeit bei Schwanzjagen oder -beißen in Erwägung gezogen. Eine durch Automutilation schwer verletzte Schwanzspitze erfordert natürlich chirurgische Versorgung und in einigen Fällen auch die teilweise Amputation. Diese ist aber als prinzipieller Therapieansatz – wenn es keinen Schwanz mehr gibt, wird die Katze auch keine Symptomatik mehr zeigen – nicht angezeigt!
Nach Schwanzverletzungen oder bei einer Amputation ist unbedingt auf eine multimodale Analgesie (Nervenblockade oder epidurale Anästhesie) zu achten, denn in vielen Fällen von Automutilation des Schwanzes sind Schmerzen, Phantomschmerzen oder Missempfindungen auslösend für das Verhalten. Die Ursache obsessiv-kompulsiver Störungen liegt zentral im Transmitterstoffwechsel im Gehirn und nicht in der Peripherie. Somit sind diese Störungen durch periphere Maßnahmen auch nicht dauerhaft zu behandeln.

Als Alternative zur Euthanasie können bei einer aggressiven Katze die **Canini extrahiert** („Disarming") werden, um das Risiko für schwere Verletzungen des Besitzers zu reduzieren.

7.7 Komplementäre und sonstige Therapien

Unter dieses Kapitel fallen alle Maßnahmen, die in keine der anderen Kategorien einzuordnen sind.
Die meisten Besitzer haben schon Lösungen versucht, die ihnen von Freunden, Bekannten oder in Internetforen vorgeschlagen wurden. Dazu gehören vor allem komplementärmedizinische Therapien mit Bach-Blüten oder Homöopathie.
Auch wenn man kein Anhänger dieser Therapieansätze ist, sollten diese Versuche von Besitzern nicht abgewertet oder lächerlich gemacht werden. Das Risiko, dass die therapeutische Bindung und das Vertrauen verloren gehen ist sehr groß und spätestens, wenn die ersten eigenen therapeutischen Strategien nicht gleich den erwarteten Erfolg bringen, hat man den Besitzer verloren.
Es ist daher sinnvoll, diese Behandlungsmethoden zumindest zu akzeptieren oder zu tolerieren, wenn sie schon nicht aktiv unterstützt und vorgeschlagen werden. Die Bezeichnung „komplementär" bedeutet ja, dass diese Techniken als Ergänzung und nicht als Ersatz eingesetzt werden.
Gerade die Beziehung zu Katzen ist sehr vielschichtig und reicht bis jenseits des für die Wissenschaft Erfassbaren.
Ob man es Plazeboeffekt oder energetische Therapie nennt spielt letztlich keine Rolle, solange das Therapieziel für die Katze und den Besitzer erreicht wird.

Homöopathie

Die Homöopathie erfasst das gesamte Symptomenbild einschließlich der psychischen Verfassung eines Individuums und eignet sich daher sehr gut für die Behandlung psychischer Störungen. Voraussetzung ist eine entsprechend korrekte Repertorisierung, es gibt jedoch immer wieder sogenannte „bewährte Indikationen".
Bei aggressiver Symptomatik ist, in Abhängigkeit von der Gefährlichkeit der Katze, wegen einer möglichen Erstverschlimmerung von der Homöopathie abzuraten.
Chronische Angstzustände und Depressionen sprechen sehr gut auf homöopathische Heilmittel an.
Die homoöpathische Konsultation an sich hat – ebenso wie die verhaltensmedizinische Konsultation – schon einen nicht zu unterschätzenden therapeutischen Effekt.

Bachblüten

Ebenso wie die Homöopathie wurden auch Bach-Blüten von den meisten Besitzern mit mehr oder weniger Erfolg ausprobiert, bevor sie in die Konsultation kommen.
Es gibt verschiedene Möglichkeiten, die passenden Bach-Blüten auszuwählen: Fragebögen, genaue Analyse, Kinesiologie etc.
Die einfachste und überraschend effektive Methode ist, die Person mit dem intensivsten Bezug zur Katze die Bach-Blüten stellvertretend für die Katze aus dem gesamten Satz blind wählen zu lassen. Das dadurch vermittelte Gefühl von Verantwortung oder „etwas für die Katze tun zu können" verbessert die Stimmung und Beziehung. Bereits das folgende Vorlesen der Beschreibung der ausgewählten Bach-Blüten verändert die Wahrnehmung und Einsicht in die eigene Verfassung und Sichtweise (somit eine kognitive Therapie für den Besitzer).
Bach-Blüten müssen nicht direkt eingegeben werden, sondern können über Futter oder Trinkwasser verabreicht oder auch in das Fell gestrichen werden.

Traditionelle Chinesische Medizin

Die Traditionelle Chinesische Medizin (TCM) bietet mit ihrem völlig andersartigen und ganzheitlichen Verständnis von Gesundheit und Krankheitsentstehung für denjenigen, der sich damit beschäftigt, viele Ansätze zur Therapie. Die Methoden der TCM sind neben der Akupunktur oder Akupressur und Kräutern auch die Ernährungslehre nach bestimmten Prinzipien wie den fünf Elementen und Zuständen wie zum Beispiel Hitze, Kälte oder Wind.

TellingtonTTouch® und Massage

Die Technik des TellingtonTTouch® wurde von Linda Tellington aus der Feldenkrais-Methode entwickelt. Durch besondere Berührungen und Bewegungen werden Zellen und Nervenbahnen stimuliert und Selbstheilungsmechanismen aktiviert. Diese Berührungen kann jeder Besitzer, der offen und einfühlsam ist, leicht anwenden.
Auch Massagen oder Shiatsu wirken auf viele ängstliche und hyperaktive Katzen außerordentlich positiv.

Weitere Methoden

Weitere energetische Heilmethoden, die immer wieder von Besitzern angewendet werden, sind zum Beispiel Heilsteine als Mini-Donut am Halsband der Katze oder farbiges Licht.
Auch **Reiki,** eine spirituelle Heilmethode aus Japan, wird bei Katzen praktiziert.

7.8 Sonstige Maßnahmen

Unter den sonstigen Maßnahmen sind alle Tricks und Kniffe oder Lösungen zu finden, die irgendwie einen therapeutischen Effekt haben oder bei Lösungen helfen.

SoftPaws®: SoftPaws® sind kleine durchsichtige oder farbige Nagelkappen aus Kunststoff, die an den Krallen der Katze festgeklebt werden. Der Krallenmechanismus wird dadurch nicht beeinträchtigt. Nach 3 bis 6 Wochen fallen die Krallenkappen mit den seitlichen Krallenhüllen wieder ab. SoftPaws® können bei unerwünschtem Kratzmarkieren eingesetzt werden und sind bei aggressiven Katzen eine Alternative zur Krallenamputation.
Sie verhindern zudem eine Selbstbeschädigung durch die Krallen der Hinterpfoten bei intensivem Juckreiz und können als Unterstützung zur sonstigen Behandlung und Alternative zur Halskrause eingesetzt werden.

Ausschneiden der Haare an den Pfoten: Das Ausschneiden der Haare zwischen den Zehen hat manchmal bei Perserkatzen durchschlagenden Erfolg bei Unsauberkeit. Offensichtlich verändert sich die Wahrnehmung des Untergrundes durch die freigelegten Pfotenballen und es bleibt vor allem keine Katzenstreu mehr an den Haaren hängen.

Spröde Pfotenballen einschmieren: Spröde und verhärtete Pfotenballen können bei empfindlichen Katzen (Wohnungshaltung!) auch zur Verweigerung der Katzenstreu und zur Vorliebe für glatte oder textile Materialien führen. Massage und Pflege der spröden Pfotenballen mit neutralen Pflegeölen oder Creme kann hilfreich sein.

Glöckchen oder Klangkugeln: Glöckchen am Halsband werden oft als vergeblicher Versuch, die Jagderfolge der Freilaufkatze zu mindern, angebracht.
Bei Katzen mit auf andere Katzen oder Menschen umgerichtetem Jagdverhalten helfen ein oder zwei Glöckchen oder Klangkugeln am Halsband. Die potenziellen Opfer sind dadurch besser über die Bewegungen und den Standort der aggressiven Katze informiert und werden nicht mehr von den Angriffen überrascht.

Nahrungszusätze: Der Zusatz von Vitaminen, Mineralstoffen, bestimmten Aminosäuren und Pflanzenextrakten kann einen Einfluss auf das Verhalten haben.
Die Aminosäure **Tryptophan** ist der Ausgangspunkt für die Synthese von Serotonin. Durch Erhöhung von Tryptophan in der Ration kann der Serotoninspiegel beeinflusst werden. Es gibt keine Daten zur therapeutischen Anwendung bei der Katze.
Vitamin-B-Komplex (Bierhefe) und **Magnesium** haben beruhigende und stressmindernde Wirkung.
Antioxidanzien wie **Vitamin E** (Weizenkeime), **Vitamin C** oder **Selen** verlangsamen die degenerativen Prozesse im Gehirn und im restlichen Körper.
Phosphatidylserin erhöht die Freisetzung von Acetylcholin im Gehirn und hat dadurch direkte Wirkung auf die kognitiven Prozesse von Lernen und Gedächtnis.
L-Theanin ist eine dem Glutamat verwandte Aminosäure aus dem grünen Tee. L-Theanin (Anxitane, Telizen) wirkt durch die Blockade der Glutamat-Rezeptoren ent-

spannend, stressmindernd und mild angstlösend ohne Sedierung. Es hat auch bei der Katze eine außerordentlich hohe Akzeptanz und kann fast immer als Leckerbissen oder im Futter gegeben werden.
Alpha-Casozepin (Lactium, Zylkene) ist ein spezielles Peptid aus der Milch mit angstlösenden Eigenschaften und somit definitiv kein Medikament, sondern ein Nahrungsmittel.

7.9 Platzwechsel

Ein Platzwechsel kann in manchen Fällen eine Therapie für die Katze oder das familiäre System sein. Das Abgeben einer untherapierten Katze im Tierheim, in der Hoffnung, es würde sich schon ein neuer Platz für sie finden, ist keine ehrliche Umplatzierung.
Wirklich therapeutisch wirkt ein Platzwechsel dann, wenn die aktuellen Lebensbedingungen der Katze der alleinige oder überwiegende Grund für die psychische Störung sind.
Das ist der Fall bei

- reiner Wohnungshaltung von nicht auf den Menschen sozialisierten Katzen.
- schlecht auf Menschen sozialisierten Katzen in Familien mit Kindern oder sehr unruhigen Haushalten.
- reiner Wohnungshaltung von freigeborenen Katzen mit hoher jagdlicher Motivation (genetisch und umweltbedingt).
- unsozialen Katzen, die nicht in einer Gruppe oder mit der vorhandenen Partnerkatze leben können.
- Pariakatzen (aus der Gruppe ausgestoßene bzw. nicht in die Gruppe integrierbare Katzen).

Die Möglichkeit zum **Freilauf** kann bei gewissen Katzen eine schon fast unglaubliche Persönlichkeitsveränderung bewirken.
Die Veränderung der Lebensbedingungen ist trotzdem kein wunderbares Allheilmittel für alle Probleme – die weitaus meisten Katzen erreichen durch die alleinige Tatsache eines Platzwechsels kein psychisches Gleichgewicht. Sie nehmen ihre psychischen Symptome mit und leiden ohne „wirkliche" Behandlung im nächsten Haushalt wieder – oder vielmehr immer noch.

Die Übersiedlung unsauberer oder harnmarkierender Katzen (natürlich kastriert) auf Bauernhöfe, Reiterhöfe oder betreute Futterplätze ist eine mögliche Option. Wenn solche Katzen eine wirklich enge Beziehung zu ihrem Besitzer und sehr viel Interesse an menschlichem Kontakt und Komfort haben (im Bett schlafen, viel und enger Körperkontakt), eigentlich abhängig sind, ist eine derartige Zwangsübersiedlung in natürliche Lebensbedingungen gegen eine Euthanasie abzuwägen. Diese Entscheidung hängt von den eigenen ethischen Ansichten ab und kann nur im Einzelfall individuell getroffen werden.

7.10 Euthanasie

Die Euthanasie als letzte Möglichkeit kann grundsätzlich als Therapie angesehen werden. Aus der systemischen Sicht ist die Euthanasie eine Therapie, wenn dadurch im familiären System wieder eine Homöostase erreicht werden kann.
Das gilt ganz besonders für gefährliches Verhalten wie unvorhersehbare und heftige Aggressionen.
Einerseits beeinträchtigt unbeeinflussbares, intensives Harnmarkieren, vor allem in Kombination mit Unsauberkeit, nicht nur die Beziehung zwischen Katze und Besitzer, sondern auch dessen soziale Beziehungen in erheblichem Ausmaß. Die Geruchsbelastung in der Wohnung macht Besuche unmöglich und Mietverträge können auf dem Spiel stehen. Andererseits können psychische Erkrankungen, vor allem Angststörungen, für die Katze erhebliche Leiden verursachen, und bei fehlenden Behandlungsmöglichkeiten besteht eine medizinische Indikation für die Euthanasie.

8 Diagnostische Kriterien der wichtigsten psychischen Störungen

Das Zusammenfassen von mehreren charakteristischen Symptomen zu einer definierten pathologischen Einheit – **Disorder** – ist die Voraussetzung für eine vergleichbare und kommunizierbare Diagnose.
Das bedeutet keineswegs, dass symptomatische Diagnosen und Therapien weniger effektiv sind – es sollte lediglich der medizinische Zugang in der Verhaltensmedizin etwas ganzheitlicher werden.

Ein Patient mit Diabetes zum Beispiel kann aufgrund so verschiedener Symptome wie Polydipsie, Polyurie, Mattigkeit, Gewichtsverlust oder Linsentrübung vorgestellt werden und in jedem Fall wird er unabhängig vom iatrotropen Problem nicht nur symptomatisch sondern als Diabetespatient diagnostiziert und behandelt. Mit der Diagnose „Diabetes mellitus" kann das Krankheitsbild in seiner Gesamtheit kommuniziert werden und verschiedene Therapieansätze wie Kastration (bei der Hündin), diätetische Maßnahmen und Gewichtsreduktion, orale Antidiabetika oder Insulininjektion können in ihrer Wirksamkeit verglichen werden.
Nach denselben medizinischen Prinzipien kann für eine mit den Symptomen Aggression, Unsauberkeit und/oder Alopezie vorgestellte Katze die Diagnose „Generalisierte Angststörung" gestellt und eine dem gesamten Krankheitsbild und der zugrunde liegenden Verfassung der Katze entsprechende Therapie gewählt werden.

8.1 Entwicklungsbedingte Störungen

Dieser Abschnitt ist Störungen gewidmet, die üblicherweise im jugendlichen Alter (Kindheit und Pubertät) beginnen, selbst wenn sie bis ins Erwachsenenalter der Katze bestehen bleiben. Diese Klassifikation ist konventionell und didaktisch; sie enthält Störungen mit unterschiedlichen pathologischen Zuständen.

Hyperaktivitätsstörung

Die Hyperaktivitätsstörung besteht aus drei erforderlichen Elementen: einem Hyperzustand, fehlender Bewegungskontrolle und einer verminderten Endphase einer Verhaltenssequenz.

Diagnostische Kriterien

- Eine Verhaltensstörung junger Katzen, die vor dem 4. Lebensmonat beginnt und durch objektive Anzeichen von Nervosität, Hyperaktivität und fehlender Bewegungskontrolle, die meiste Zeit, praktisch täglich, charakterisiert ist, mit mindestens 6 der folgenden 10 Symptome:
  - Insgesamt erhöhte Bewegungsaktivität (Hyperaktivität) im Vergleich zur Aktivität, die man von einer Katze dieses Alters erwarten würde: Läuft, springt, klettert, spielt, miaut, etc.
  - Desorganisation der motorischen Aktivität: Bewegt sich von einem Platz zum anderen, exploriert unvollständig und wiederholt dieselben Dinge, stürzt sich auf die Futterschüssel bevor sie auf dem Boden steht etc.
  - Bewegungsaktivität findet nur schwer ein Ende: Verlängertes Spiel, was besonders beim Spiel mit anderen ausgeglichenen Kätzchen auffällt, die aufhören können, um sich auszuruhen.
  - Hypervigilanz: Beobachtet alles und dauernd, in verschiedenen Umgebungen (zum Beispiel während der Konsultation), ebenso wie in vertrauter Umgebung.
  - Hyperreaktivität: „On the go", bei der geringsten Aufforderung immer bereit zur Aktivität; reagiert auf die geringste, selbst alltägliche, Stimulation aus der Umwelt.
  - Hypererregbarkeit: Wird leicht übererregt, scharrt oder kratzt zum Beispiel an glatten Oberflächen wie Spiegeln, Fenstern, Kühlschrank; leckt sich plötzlich zwischen zwei Aktivitäten (wie von einem Parasiten gestochen), leckt sich wiederholt, was zu gegen sich selbst umgerichteter Aggression oder Stereotypien führen kann.
  - Ablenkbarkeit oder Zerstreutheit: Wenig ausdauernd bei der gleichen Aktivität, wechselt die Aktivität bei der geringsten Ablenkung.
  - Hyposomnie: Allgemein verminderte Schlafdauer im Vergleich zu dem, was man von einer Katze des gleichen Alters und ähnlichen Lebensumständen erwarten würde.
  - Mangelnde psychomotorische Kontrolle: Soziales Spiel und Interaktionen mit Spielpartnern führen oft zum Rückzug des Partners und/oder zu Verletzungen – Kratzen, Beißen; Kratzverletzungen, weil die Katze auf die Beine klettert oder auf den Rücken springt (beim Menschen), Zerstören von Möbeln.
  - Mangelnde emotionale Kontrolle: Leichter Übergang vom Spiel zu ernster Aggression oder Jagdverhalten.
- Diese Verhaltensweisen sind nicht die Folge von Hypostimulation durch die Umwelt, von Bewegungsmangel, von Mangel an Aufmerksamkeit und Interaktion mit dem Besitzer.

Ätiologie

Man kennt zwei übliche Ursachen dieser Störung:

- Genetische Ursache: Die Störung tritt auch bei Geschwistern, Vorfahren und bei Nachkommen auf.
- Ontogenetische Ursache: Das Kätzchen hat keine regulierende Erziehung seiner Mutter, einer anderen erwachsenen Katze oder eines kompetenten Menschen erhalten (diese Hypothese bleibt noch, obwohl oft beobachtet und sehr wahrscheinlich, zu bestätigen).

Evolution

Es gibt wenig spontane Heilungen, die Jungkatze entwickelt im Allgemeinen eine impulsive Persönlichkeitsstörung, eine Angststörung und/oder Hyperaggressivität.

Deprivationssyndrom

Diagnostische Kriterien

- Diese Verhaltensstörung junger Katzen beginnt vor dem 4. Lebensmonat und wird durch objektive Anzeichen von Angst charakterisiert, die meiste Zeit, praktisch täglich, wenn das Tier mit einer komplexeren Umwelt (verglichen mit dem Milieu während seiner Entwicklung) konfrontiert wird.
- Das Kätzchen wurde während eines wesentlichen Teils seiner primären Sozialisationsperiode (2. bis 7. Woche) in einer hypostimulierenden Umwelt (verglichen mit seinem Lebensmilieu als jugendliche oder erwachsene Katze) aufgezogen.
- Die klinischen Manifestationen können in drei Gruppen eingeteilt werden (Typ spezifizieren):
- Phobie (S. 184).
- Angststörung (S. 184).
- Depression (S. 191).
- Die Verhaltenssymptome sind nicht die direkte Folge von ungeeigneten Interaktionen mit dem Besitzer (Misshandlung) oder einem Mangel an Bewegung oder Erziehung.

Diese Beschreibung ist frei nach Pageat adaptiert.

Ätiologie

Die Ursache der Störung ist die fehlende Stimulation in der frühen Entwicklungsphase mit der Folge einer mangelhaften Gehirnentwicklung. Ein genetische Prädisposition ist nie auszuschließen, verschiedene im gleichen Milieu aufgezogene Kitten entwickeln nicht alle im selben Ausmaß ein Deprivationssyndrom.

Evolution

Nur geringgradige Fälle von deprivationsbedingter Phobie können sich in einem vorteilhaften Milieu zur Heilung entwickeln; alle anderen Fälle bleiben im Lauf der Zeit entweder stabil oder entwickeln sich zu schwerwiegenderen Angststörungen.

8.2 Angststörungen

Angststörungen sind durch Verhaltensweisen der Selbstverteidigung (Meideverhalten, Flucht, defensive Aggression, Immobilität, Beschwichtigung) kombiniert mit neurovegetativer Hyperreaktivität, Hypervigilanz und/oder substitutiven Aktivitäten charakterisiert.
Unter den Angststörungen werden unter anderem die Phobien, die Generalisierte Angststörung und spezifische Angststörungen gruppiert.
Zwangsstörungen werden im Abschnitt über die repetitiven Störungen beschrieben (S. 194). Im humanmedizinischen Referenzwerk „Diagnostisches und Statistisches Manual Psychischer Störungen DSM IV“ werden sie unter den Angststörungen eingeordnet.

Einfache Phobie

Es handelt sich um Angst in Anwesenheit eines objektivierbaren Stimulus, der a priori nicht gefährlich ist, ohne Habituation bei wiederholter Exposition.
Die Verhaltensweisen der Angst sind typischerweise die *4 F* – aus dem Englischen „fight, flight, freeze & flirt“, wobei der letzte Begriff für Beschwichtigung steht.

Diagnostische Kriterien

- Pathologische und immer wieder durch die Anwesenheit oder Antizipation eines spezifischen Stimulus (Individuum, Objekt oder Situation) ausgelöste, deutliche Angst, die gegenüber dem Habituationsprozess (durch wiederholte Exposition) resistent ist.
- Die Konfrontation mit dem phobieauslösenden Stimulus ruft ein unmittelbares Angstverhalten hervor, das sich in Form von Immobilisation (Inhibition), Annähern (und Festklammern) an Bezugspersonen (Besitzern), verzweifeltem Vokalisieren, frenetischen Fluchtversuchen, Beschwichtigung, Angstaggression oder substitutiven Aktivitäten zeigt.
- Die Angst ist exzessiv und nicht an die reale vom Stimulus ausgehende Gefahr angepasst.
- Die phobieauslösende Situation wird entweder vermieden oder mit intensiver Verzweiflung ertragen.
- Spezifizieren des Typs (der Kategorie) des Stimulus:
  - Geräusche: Explosionen, Schüsse, Gewitter, Feuerwerk etc.

- Menschen: Kinder, Erwachsene, Frauen, Männer, etc.
- Tiere: Spezifizieren der Tierart, Katzen, Hunde, Fluginsekten, etc.
- Situationen: Transport im Auto, Tierarztbesuch, etc.
- Andere: Den auslösenden Stimulus spezifizieren.
- Generalisation: Die Angst schließt die meisten Situationen mit dem auslösenden Stimulustyp ein, sowie Stimuli, die damit assoziiert sein können, zum Beispiel: Transportkäfig suchen oder vorbereiten.

Ätiologie

- Phylogenetisch: Die Katze kann als verhältnismäßig kleines Tier gewissermaßen als prädisponiert für Angst bezeichnet werden, das heißt sie bringt bereits genetisch eine gewisse Prädisposition für Angststörungen mit sich.
- Ontogenetisch aufgrund eines Deprivationssyndroms, eines psychischen Traumas etc.

Evolution

Oft bleibt die Phobie stabil, manchmal unterliegt sie einem Prozess der Generalisation. Da sie oft andere Angststörungen (Generalisierte Angststörung) oder eine affektive Störung (Depression) begleitet, ist nicht leicht zu festzustellen, welche Störung sich primär verschlechtert.

Multiple Phobien

Die Störung besteht aus mehreren durch Stimuli aus unterschiedlichen Kategorien ausgelösten Phobien.
Die diagnostischen Kriterien sind die gleichen wie für die Störung Einfache Phobie, aber es gibt mehr als eine auslösende Kategorie von Stimuli. Multiple Phobien können sich in eine Generalisierte Angststörung entwickeln oder damit kombiniert sein.

Generalisierte Angststörung

Verhaltensweisen der übermäßigen Angst und/oder häufige Antizipation, die nicht durch einen identifizierbaren und wiederholten Stimulus ausgelöst werden.
Mehrere der folgenden Anzeichen müssen anwesend sein:

- Verhaltensweisen zur Verteidigung wie Immobilität, Meideverhalten, Flucht, Distanzierung, defensive Aggression (Distanzierungsaggression, irritative Aggression, Angstaggression).
- Anzeichen von Verzweiflung wie Vokalisieren oder Anklammern an eine Bezugsperson (wie den Besitzer).
- Neurovegetative Hyperreaktivität wie Transpiration (Pfoten), Miosis oder Mydriasis, Speicheln, Tachypnoe, Hecheln, Tachykardie, emotional bedingter Harn- und/oder Kotabsatz, Entleeren der Analbeutel.

- Hypervigilanz wie dauerndes Beobachten, Aufschrecken beim geringsten Reiz.
- Schüchternheit, Misstrauen.
- Substitutive Aktivitäten wie Putzen, Fressen, Umherwandern etc.
- Gesteigertes oder vermindertes Markierverhalten wie Kopfreiben, Kratzmarkieren.
- Gesteigertes Auftreten von Harnmarkieren.
- Gehäuftes Auftreten von Unsauberkeit.
- Modifikation in Frequenz, Intensität oder sozialem Kontext der Fressgewohnheiten, wie Fressen nur bei Nacht, nur alleine, nur in Anwesenheit des Besitzers.
- Veränderung der Schlafgewohnheiten, wie Schlafen an entlegenen, versteckten Plätzen.

Ätiologie und Pathogenese

Multifaktoriell.

Evolution

Die Generalisierte Angststörung ist stabil im Lauf der Zeit. Oft begleitet sie oder entwickelt sich in eine Depressive Störung.

Angststörung aufgrund von Deritualisation (Katze)

Die Angststörung aufgrund von Deritualisation wird beobachtet, wenn eine Katze ihre beruhigenden Rituale verloren hat. Bei der Katze sind dies nicht nur die Kommunikationsrituale im engeren Sinn (wie beim Hund), sondern alle der weiteren Definition von Ritual entsprechenden Gewohnheiten und vertrauten Verhaltensweisen in der räumlich-zeitlich-sozialen Lebensstruktur.

Diagnostische Kriterien

- Es gibt deutliche Symptome der Angst oder Ängstlichkeit wie sie bei der Generalisierten Angststörung spezifiziert wurden.
- Die Symptome sind aufgetaucht, nachdem die Katze mit einer Veränderung der Bedeutung ihrer beruhigenden Rituale konfrontiert war.
  Veränderungen jedweder Art in der
  - räumlichen Struktur (Übersiedlung, Reinigung, veränderte Einrichtung).
  - zeitlichen Struktur (vermehrte oder verminderte Abwesenheit, Zeitumstellung, Berufswechsel).
  - sozialen Struktur: Menschen (Scheidung, Geburt eines Babys, Kind ist ausgezogen), Katzen (Neuzugang oder Verlust einer Partnerkatze, neue Nachbarskatze), andere Tiere (Hund in der Familie).

- Es gibt eine Zunahme einer oder mehrerer der folgenden Symptome:
  - Gesichtsmarkieren
  - Kratzmarkieren
  - Harnmarkieren
  - Unsauberkeit
  - Psychogene Alopezie, Leckgranulom.
- Es gibt zwei Stadien in Bezug auf Harnmarkieren:
  - Reaktives Harnmarkieren in niedriger Frequenz und/oder an begrenzten Orten durch eine erregte oder furchtsame Katze.
  - Intensiviertes Harnmarkieren einer ängstlichen Katze (nur dieser Fall ist pathologisch und rechtfertigt die Bezeichnung Angststörung aufgrund von Deritualisation).

    Im zweiten Stadium haben die Besitzer die Katze oft außerhalb des Zusammenhangs bestraft und es folgte eine Verminderung der sozialen Interaktionen, die Katze vermeidet die strafenden Besitzer.

Ätiologie

Veränderung der räumlichen oder zeitlichen Struktur oder der sozialen Gruppe bei einer Katze, die für Angststörungen prädisponiert ist.
Zerstörung der beruhigenden Markierungen.

Evolution

Spontane Heilung ist häufig, durch Habituation und Wieder-Ritualisierung unter den neuen Bedingungen.
Andere Fälle entwickeln sich in Richtung instrumentalisiertes Markieren und generalisierte Unsauberkeit.

Angststörung aufgrund restriktiver Lebensbedingungen

Katzen passen sich nicht immer leicht an eine geschlossene Umwelt mit kleinen Dimensionen an. Sie können einen Angstzustand mit gegen den Besitzer umgerichteten jagdlichen Verhaltensweisen entwickeln.

Diagnostische Kriterien

- Die Symptome erscheinen bei einer Katze, die gezwungen ist, in einer wenig stimulierenden Umwelt mit begrenzten Ausmaßen zu leben. Diese Umwelt ermöglicht der Katze nicht, sich in Isolation zurückzuziehen oder unerwünschten Situationen zu entkommen. Im Allgemeinen wurden diese Katzen in einer reichhaltigeren Umwelt aufgezogen, wie zum Beispiel Freilaufkatzen oder Nachkommen von verwilderten Hauskatzen oder sogenannten „Wildkatzen“ (Bedeutung der Genetik).

- Die Katze zeigt mehrere Angstsymptome wie sie bei der Generalisierten Angststörung beschrieben sind.
- Es gibt zusätzlich mehrere der folgenden Symptome:
  - Jagdverhalten oder gegen menschliche Körperpartien (wie Knöchel, Beine, Hände oder Kopf) oder auf andere verfügbare Ziele (Katzen, andere Tiere) umgerichtetes Jagdverhalten.
  - Perioden der Hyperaktivität (die Katze rast in alle Richtungen, springt auf die Möbel und/oder die Wände hoch, etc.), manchmal zu bestimmten Zeiten wie während der Dämmerung.
  - Rolling Skin.
  - Defensive durch Zwang, Manipulation, Bürsten etc. ausgelöste Aggression.
  - Hypervigilanz, zum Beispiel dauernde oder konstante Beobachtung, Aufschrecken bei den geringsten Reizen.
  - Neurovegetative Anzeichen wie Transpiration, Salivation, Mydriasis, Durchfall, Erbrechen, Entleeren der Analbeutel, etc.
  - Substitutive Aktivitäten wie exzessives Putzen (mit oder ohne Alopezie), Hyperphagie, Vokalisieren.

Ätiologie

Die Katze ist gezwungen, in einem hypostimulierenden Milieu zu leben, nachdem sie vorher in einem reichhaltigeren Milieu (meistens draußen) gelebt hat.

Evolution

Jagdaggressionen instrumentalisieren sich sehr leicht, die Perioden der Hyperaktivität können sich leicht in Stereotypien entwickeln.

Angststörung bei zusammenlebenden Katzen

Katzen, die zusammenleben müssen, können verschiedene Arten der Beeinträchtigung ihres emotionalen Zustandes und ihrer kommunikativen Kompetenzen zeigen. Diese Störung ist eine systemische Störung, und sie betrifft daher mindestens zwei Katzen, die komplementäre Verhaltensweisen zeigen.

Wenn nur eine einzelne Katze in einer Gruppe Symptome zeigt, ist eher an eine Generalisierte Angststörung, eine Angststörung durch Deritualisation oder eine Phobie zu denken.

Diagnostische Kriterien

- Die Symptome treten bei Katzen auf, die zusammen oder in einer Gruppe leben, in der es eine, manchmal nur geringfügige Veränderung in der Struktur, der Zusammensetzung oder eine Modifikation der sozialen Interaktionen gegeben hat, wie zum Beispiel die Ankunft einer neuen Katze, Rückkehr einer Katze, die hospitalisiert und/oder anästhesiert war, die Anwesenheit einer kranken, alternden, verwirrten Katze. Katzen mit einer Angststörung aufgrund restriktiver Lebensbedingungen können im Zusammenleben mit entsprechend disponierten anderen Katzen diese Störung entwickeln.
- Es gibt bei beiden Katzen typische Symptome der Angst oder der Ängstlichkeit wie sie bei der Generalisierten Angststörung spezifiziert wurden.
- In der Gruppe gibt es im Allgemeinen eine passive Katze als Opfer (Adressat von Aggression) und eine belästigende aktive Katze (verteilt Quälereien und Aggressionen). Beide können an der Störung leiden.
- Den Entwicklungsstand der Störung spezifizieren:
  - 1. Phase **Distanzierung:** In der ersten Phase distanzieren sich die beiden Katzen und bleiben abseits in ihren territorialen Isolationsfeldern; ihre Begegnungen sind von vokalen gegenseitigen Drohungen begleitet. Diese Distanzierungsphase ist nicht pathologisch.
  - 2. Phase **Auseinandersetzung:** In der zweiten Phase hat die belästigende aktive Katze die Tendenz, die Opferkatze zu verfolgen, sich aufzudrängen, sie anzustarren und sie versucht, in ihre Isolationszonen einzudringen. Die Opferkatze hat eine Neigung zu flüchten und wird von der belästigenden Katze attackiert und verfolgt.
  - 3. Phase **Obsession:** Die belästigende Katze hat eine Tendenz, in einen Hyperzustand zu kommen (Hypervigilanz, Hyperaktivität, Hypersensibilität, Rolling Skin, Schwanzschlagen; auf Objekte und Menschen, die sich in der Nähe befinden, umgerichtete Aggression; lokalisierte Alopezie, Harnmarkieren, ...), und sie dringt in die Isolationsfelder der Opferkatze ein. Diese ist inhibiert, isoliert sich, versteckt sich (auf oder unter Möbeln) und zeigt defensive Aggression (Distanzierungsaggression, irritative Aggression, Angstaggression), exzessives Putzen mit eventuell ausgedehnter Alopezie und ist sehr oft unsauber. Bei Drohungen und Angriffen setzt sie Kot und/oder Harn ab und entleert die Analbeutel.
- Entwicklung der Störung spezifizieren:
  - Langsamer Beginn: Die Störung entwickelt sich kontinuierlich über einen längeren Zeitraum.
  - Akuter Beginn: Die Störung beginnt mit einem eventuell dramatischen Zwischenfall oder Kampf (oft nachts); wenn eine der Katzen nach Abwesenheit (Anästhesie, Hospitalisation etc.) nach Hause kommt und geruchlich nicht erkannt wird; eine Katze umgerichtete Aggression gegen eine ahnungslose Katze zeigt etc.

Ätiologie

Veränderungen der sozialen Beziehungen innerhalb einer Gruppe von Katzen, die manchmal auch nur sehr geringfügig sein können. Es ist nicht ausgeschlossen, dass genetische Faktoren eine gewisse Rolle spielen. Im Gegensatz zu einer indifferenten Katze ist die Opferkatze Co-Autor dieses Beziehungsproblems, sie hat eine Neigung mit Fauchen zu reagieren und zu flüchten, wodurch das Verfolgungsverhalten anderer Katzen aktiviert wird.

Differenzialdiagnose

Phobie vor einer Partnerkatze: Die andere Katze begegnet der phobischen Katze neutral, freundlich oder reagiert nur bei Angriffen defensiv aggressiv.
Angststörung bei zusammenlebenden Katzen: Beide Katzen sind betroffen und spielen komplementäre Rollen im gestörten sozialen System.

Evolution

Im Allgemeinen entwickelt sich die Situation von der Phase 1 zur Phase 3.
Manchmal scheint diese Störung intermittierend. In diesem Fall ist zu überprüfen, ob nicht eine der Katzen an einer affektiven Störung wie zum Beispiel einer unipolaren Störung leidet.

8.3 Affektive Störungen

Affektive Störungen sind durch wiederkehrende Episoden oder einen permanenten Zustand einer pathologischen Stimmungslage charakterisiert.

Die Stimmung ist als lang dauernder emotionaler Zustand definiert, der die emotionalen, kognitiven und Verhaltensreaktionen modifiziert. Pathologische Stimmungen sind der depressive Zustand, der Hyperzustand und Gereiztheit.
Dieser Abschnitt behandelt die Depression, die unipolare Störung, das akute posttraumatische Stress-Syndrom und die Feline Hyperästhesie.

Akutes posttraumatisches Stress-Syndrom

Diese hypothyme Störung (Inhibitionszustand, Versteinerung) ist sehr frei nach dem DSM adaptiert. Es gibt die gleichen auslösenden Ereignisse wie beim Menschen, aber es fehlen die kognitiven Aspekte wie bei der menschlichen psychischen Störung (oder zumindest wissen wir nichts davon).
Eine verwandte Störung wurde von Pageat unter dem Namen Reaktive Depression (eine Terminologie, die in der Humanpsychiatrie nicht existiert) beschrieben.

Diagnostische Kriterien

- Die Katze war einem traumatischen Ereignis wie dem Verlust eines Bezugswesens, einer intensiven Angst, einem Zustand der Hilflosigkeit etc. mit oder ohne physischem Trauma ausgesetzt.
- Diese Störung ist durch praktisch andauernde objektive Anzeichen der Hypothymie charakterisiert, das heißt:
  - Fehlende emotionale Reaktionen, affektive Ablösung, mangelndes Interesse für Reize aus der Umwelt und übliche Aktivitäten.
  - Hypovigilanz, Reduktion des Bewusstseins (der Wahrnehmung) für die Umwelt.
  - Appetitverlust (Hyporexie, Anorexie) und Gewichtsverlust.
  - Hypersomnie und/oder Dekubitus.
  - Lokomotorische Inhibition, Reduktion der explorativen Verhaltensweisen.
- Die Störung ist spezifizierbar, je nachdem ob sie:
  - als Antwort auf eine identifizierbare Stress-Situation auftritt.
  - ohne identifizierbaren Stress auftritt.

Ätiologie

Psychisches und/oder physisches Trauma.

Evolution

Spontane Heilung innerhalb von 3 bis 6 Wochen oder Evolution in einen längerdauernden depressiven Zustand.
Das Mortalitätsrisiko ist vor allem bei Jungkatzen hoch, wenn die Hypo- oder Anorexie nicht behandelt wird.

Depressive Störung

Die Depression ist kein Zustand der Erstarrung, sondern ein hyperthymer Zustand, das heißt, er verursacht Reizbarkeit und Anhedonie (Verlust von Freude), Verlust von Motivation und Entscheidungskraft.

Diagnostische Kriterien

- Diese Störung ist durch identifizierbare Anzeichen die meiste Zeit, praktisch täglich, für mindestens eine Woche charakterisiert:
  - Reizbare und/oder deprimierte Stimmung (niedrige Haltung, fehlende Anzeichen von Freude oder Spiel, etc.).
  - Reduktion von Interesse und/oder Freude an den meisten Aktivitäten (Anhedonie).
  - Reduktion oder Erhöhung von Appetit und/oder Gewicht.
  - Insomnie oder Hypersomnie.
  - Psychomotorische Agitiertheit oder Inhibition.
  - Müdigkeit.

- Die veränderten Verhaltensweisen sind nicht die direkte Folge von Effekten einer Substanz (wie einer Medikation) oder einer allgemeinen medizinischen Störung.
- Spezifizieren des Typs:
  - Reizbare Stimmung.
  - Depressive (anhedonische) Stimmung.

Ätiologie

Multifaktoriell.

Evolution

Im Allgemeinen ziemlich stabiler Zustand.

Unipolare Störung

Hyperthyme Störung mit Erregung und erhöhter Spannung, die oft von Aggressivität begleitet wird.

Diagnostische Kriterien

- Abgegrenzte Periode einer abnormalen überspannten Hyperstimmung, die von einigen Tagen bis zu einigen Wochen dauert, alternierend mit einer Phase normaler Stimmung.
- Die Hyperstimmung ist durch praktisch die ganze Zeit, das heißt täglich für mindestens eine Woche, andauernde identifizierbare Anzeichen charakterisiert:
  - Hyposomnie (Reduktion des Schlafbedürfnisses)
  - Psychomotorische Agitiertheit, verglichen mit der üblichen motorischen Aktivität der Katze, wie Umherwandern, Laufen, Springen, Klettern, brutales Spielen etc.
  - Hypervigilanz, wie dauerndes Beobachten von jedem Stimulus etc.
  - Hypererregbarkeit; ist bereit beim geringsten Reiz zu starten, „on the go".
  - Hyperreaktivität; reagiert auf den geringsten Reiz übertrieben.
  - Erhöhte Ablenkbarkeit und Zerstreutheit.
  - Beginn der Hyperphase ist mit Mydriasis verbunden.
- Andere Anzeichen wie:
  - Aggression (offensiv, defensiv und/oder Jagd), die durch den trivialsten Stimulus ausgelöst wird.
  - Repetitive oder stereotype Verhaltensweisen, wie zum Beispiel Schwanzjagen.
  - Perioden der körperlichen Starrheit (Immobilität) und fixiertes Starren von mehr als 10 Sekunden.
- Spezifizieren des Typs:
  - Saisonales Muster, wie zum Beispiel im Frühjahr.
  - Mit oder ohne komplette Remission zwischen den Hyperphasen.

- Mit oder ohne Hyperaktivitätsstörung.
- Anderer Typ.

Ätiologie

Wenig bekannt.
Erhöhte Häufigkeit dieser Störung bei bestimmten Rassen, wie zum Beispiel Abessinier unterstützt eine genetische Hypothese.

Evolution

Stabil.
Bei Aggressivität Evolution in sekundäre Hyperaggressivität durch Instrumentalisierung der aggressiven Verhaltensweisen.

Feline Hyperästhesie

Diese Störung besteht aus wiederholten psychomotorischen Krisen mit Hyperästhesie. Es ist nicht ausgeschlossen, dass diese Störung eher eine neurologische Störung (epileptiforme Anfälle) als eine Verhaltensstörung ist.

Diagnostische Kriterien

- Häufige und exzessive Anfälle von Hyperästhesie, während denen man einige der folgenden Symptome beobachtet:
  - Rolling Skin in der Dorsolumbalregion.
  - Fixiertes Starren und/oder Knurren und/oder Angriff und/oder Beißen in den Schwanz (oft steif und aufrecht gehalten), die Flanken oder die Beckenregion.
  - Nervosität, konstantes Umherwandern mit Vokalisieren.
  - Phasen des Leckens an den Vorderbeinen, Haare ausreißen und/oder Kauen an den Krallen (Onychophagie).
  - Mydriasis, aufgerissene glasige Augen.
- Die Katze kann während dieser Anfälle zusätzliche Symptome zeigen, wie:
  - Hin- und Herrennen und Objekte/Menschen attackieren.
  - Üblicherweise aggressive Katzen können abnormal anschmiegsam werden.
  - Halluzinationen (optisch, olfaktorisch).
  - Unsauberkeit (Miktion und/oder Defäkation) ohne Kontrolle.
- Die Anfälle treten intermittierend, manchmal mehrmals pro Monat auf.

8.4 Repetitive Verhaltensweisen

Dieser Abschnitt betrifft repetitive Verhaltensweisen wie stereotype Aktivitäten oder Stereotypien und obsessiv-kompulsive Störungen. Wenn das repetitive Verhalten mit einer anderen Störung verbunden ist, wird es hier nicht aufgenommen.
Wenn repetitive Verhaltensweisen unangepasst und stereotyp sind, wenn sie praktisch alleine erscheinen und/oder das klinische Bild dominieren, wenn die Katze sie nicht spontan stoppen kann, werden sie als Stereotypien definiert.
Das Tier erscheint durch eine innere Motivation, einen Drive, gezwungen, eine Handlung auszuführen und dieses Verhalten immer wieder zu wiederholen, ohne es in der Sequenz, der Struktur, der Funktion oder der Dauer den Umweltreizen anzupassen.
Der in der Humanpsychiatrie beschriebene obsessive (kognitive) Aspekt ist in der Veterinär-Verhaltensmedizin nicht zu analysieren, aber für die Diagnose einer obsessiv-kompulsiven Störung nicht unbedingt erforderlich.
Bei Anzeichen von Angst (oder Ängstlichkeit) spricht nichts dagegen, diese Störung in der Gruppe der Angststörungen einzureihen, wie es im DSM IV geschieht.

Diagnostische Kriterien

- Häufige, exzessive und stereotype Verhaltensweisen (wie in der Luft schlecken, Pfoten putzen, im Kreis laufen, umherwandern, Schwanz jagen, Wolle und andere Textilien und Materialien kauen, vokalisieren, nichtexistierende Fliegen jagen, Krallen nagen, Schatten jagen), die nicht durch die Suche nach Aufmerksamkeit (ritualisiertes aufmerksamkeitssuchendes Verhalten) ausgelöst werden.
- Die repetitiven Verhaltensweisen beanspruchen viel Zeit (mehrere Stunden pro Tag) und interferieren wesentlich mit den normalen Aktivitäten des Tieres.
- Spezifizieren des Typs:
  - Körperpflege, wie Fell putzen, in der Luft über dem Fell putzen, Fell kauen, Haare ausreißen, an den Krallen nagen.
  - Lokomotorischer Typ, wie sich um sich selbst drehen, den eigenen Schwanz verfolgen, umherwandern, im Kreis laufen.
  - Alimentärer Typ, wie Wolle, Textilien, Kunststoffe belecken, besaugen oder zerkauen, Textilien fressen, an Fäden nagen.
  - Vokalisation, wie wiederholtes Miauen, Schreien.
  - Halluzinatorischer Typ, wie nichtexistente Fliegen jagen, Schatten oder Lichtreflexe jagen.
  - Anderer Typ.
- Es besteht ein fließender Übergang zwischen der stereotypen Bewegungsstörung und der obsessiv-kompulsiven Störung.
- Unterscheidung in:
  - **Stereotype Bewegungsstörung:** Die Verhaltensweisen sind einfache und nichtfunktionale Bewegungs- oder Vokalisationsmuster, die deutlich mit den normalen Aktivitäten interferieren oder zur Selbstbeschädigung führen. Beispiele: Schwanzjagen, Vokalisieren, Haareausreißen, übertriebenes Putzverhalten.

- **Obsessiv-kompulsive Störung:** Die Verhaltensweisen sind komplexere Handlungsmuster, die mit kognitiven Prozessen in Verbindung stehen, wie dem aktiven Aufsuchen eines bestimmten Ortes, Suche oder Provokation bestimmter Kontexte und Situationen. Die Themen der Störungen aus dem obsessiv-kompulsiven Spektrum sind häufig überlebenswichtige Funktionen aus Jagdverhalten oder Komfortverhalten. Beispiel: Wolle oder Textilien fressen, Laserpunkte oder Lichtreflexe jagen, an Türen springen.

Ätiologie

Wenig bekannt.
Substitutive Aktivitäten können ihre adaptive Funktion verlieren und sich in stereotype Bewegungsstörungen entwickeln.
Obsessiv-kompulsive Störungen können mit der Zeit weniger komplex und instrumentalisiert und dadurch zur stereotypen Bewegungsstörung werden.
Genetische Grundlagen müssen vor allem bei bestimmten orientalischen Rassen in Betracht gezogen werden.

Evolution

Im Allgemeinen eine stabile Störung, die Dauer und Intensität des repetitiven Verhaltens kann sich vergrößern oder seltener verringern.

8.5 Kognitive Störungen

Kognitive Störungen (des Intellekts, der Informationsverarbeitung) müssen mit der Vorgeschichte der Katze in ipsativer Form evaluiert werden. Die kognitive Funktion zu testen ist schwierig, denn es gibt für diesen Bereich keine validierten Tests.

Kognitive Dysfunktion

Diese beim Hund unter dem Namen Involutionsdepression und Konfusionssyndrom von Pageat, und von den Amerikanern unter dem Namen Kognitive Dysfunktion beschriebene Störung ist nichts anderes als eine senile Demenz im Sinne der Humanpsychiatrie. Die Demenz ist ein kognitiver Verfall. Am Beginn der Demenz können die Anzeichen diskret und vorübergehend sein.

Diagnostische Kriterien

- Diese Störung bei Katzen ab 8 bis 10 Jahren ist durch die meiste Zeit, praktisch täglich, seit mindestens einem Monat andauernde identifizierbare Anzeichen der Beeinträchtigung der kognitiven Funktion mit den folgenden Symptomen charakterisiert:
  - Räumliche Desorientiertheit oder Veränderung der orientierenden Verhaltensweisen, wie Schwierigkeit oder Unfähigkeit den Ausgang von einem gut bekannten Platz (Raum) zu finden, vor bekannten Ausgängen umherzuwandern, den Weg im Haus oder draußen zu verlieren, sich verirren und beim Nachbarn statt ins eigene Haus hineingehen.
  - Zeitliche Desorientiertheit, wie Veränderung des Tag-Nacht-Aktivitätsmusters (ohne Veränderungen im Schlafzyklus und der Schlafdauer).
  - Störung von Gewohnheiten und Routineaktivitäten, wie Unsauberkeit.
  - Störung des Kurzzeitgedächtnisses, wie zum Beispiel wiederholte Exploration von Objekten oder Personen, neuerliches Fordern von Futter einige Minuten nach der Mahlzeit.
  - Störung im symbolischen Erkennen, wie der Verlust von erwarteten Verhaltensweisen oder das Auftreten von unerwarteten Verhaltensweisen gegenüber gut bekannten Dingen (Objekte, Subjekte), Agnosie (das heißt kein Wiedererkennen von Objekten oder Personen).
  - Störung im Konzept der Objektpermanenz, wie das fehlende Interesse an einem Objekt, das aus dem Blickfeld, der Geruchswahrnehmung verschwunden ist (unter Möbel gerutschte Spielmaus, unter der Decke verstecktes Spielzeug).
  - Störung der sozialen Kompetenzen und/oder der sozialen Interaktionen, zum Beispiel Verlust mancher erlernter Verhaltensweisen, Reduktion der Konzentrationsfähigkeit, Fauchen, Aggression.
- Es kann dabei zusätzliche Symptome geben wie:
  - Anzeichen von Verwirrung, wie zum Beispiel planloses Umhergehen und Stehenbleiben, als wenn das Ziel vergessen wäre.
  - Ambivalente Verhaltensweisen, wie zum Beispiel Knurren oder Fauchen, während mit dem Gesicht markiert wird.
  - Repetitive oder stereotype Verhaltensweisen, wie Umherwandern, Vokalisieren vor allem nachts.
  - Stumpfsinnigkeit, wie zum Beispiel Schwierigkeiten bei oder Verlangsamung der Antwort auf eine einfache Konditionierung (konditioniertes Geräusch, um zur Mahlzeit zu rufen).
  - Zögern, wie zum Beispiel Verzögerung beim Fressen eines wohlbekannten Futters (schaut abwechselnd den Besitzer und das Futter an, geht mehrmals vom Futter weg).
  - Störung der Sphinkterfunktion, wie zum Beispiel Eliminieren im unmittelbaren Moment des physiologischen Bedürfnisses, egal an welchem Ort, Enuresis und/oder Enkopresis.
  - Anfälle von Panikattacken.

- Spezifizieren des Typs:
  - Plötzlicher oder langsamer (progressiver) Beginn.
  - Früher oder später Beginn.
  - Von einer affektiven Störung, wie zum Beispiel einer chronischen Depression oder einem Hyperzustand begleitet.
  - Beginn mit einer spezifischen Erkrankung, einem physischen oder psychischen Trauma, einer Narkose, einer neurologischen oder endokrinen Störung, Verlust einer sozioterritorialen Position (Zugang einer neuen Katze) korreliert.
- Die gestörten Verhaltensweisen sind keine Folge einer primär sensorischen Störung (zum Beispiel Taubheit, Blindheit) oder organischen Erkrankung.

Ätiologie

Neurologisch-kognitive Störung, Degeneration im Zentralnervensystem.

Evolution

Progressive Verschlechterung, die im Allgemeinen von affektiven Störungen begleitet wird.

8.6 Persönlichkeitsstörungen

Dieser Abschnitt enthält Persönlichkeitsstörungen, die als schlecht angepasste oder unangepasste, invasive und unflexible (wenig modifizierbare) Verhaltensmuster definiert werden, die zu einem Verlust der Homöostase und/oder schweren Interferenzen mit den normalen sozialen Aktivitäten führen.

Abhängige Persönlichkeitsstörung

Diagnostische Kriterien

- Ein durchgehendes Muster von Hyperattachment und Angst bei Trennung oder Einsamkeit, das mit der Pubertät oder im frühen Erwachsenenalter beginnt mit einigen der folgenden Symptome:
  - Folgt anderen (Besitzer) überall hin (im Haus …), scheint durch die Anwesenheit von anderen beruhigt zu werden.
  - Klammert sich an andere, sucht ständig Körperkontakt.
  - Zeigt Stressanzeichen, wenn sie alleine gelassen wird, kann aber durch die Anwesenheit von irgendjemand beruhigt werden.
- Es kann zusätzlich alle Anzeichen einer Generalisierten Angststörung (S. 184) geben.

Dyssoziale Persönlichkeitsstörung

Die Katze ist ursprünglich ein solitär lebendes territoriales Tier, aber sie ist nichtsdestotrotz fähig, ein hohes Niveau an sozialer Organisation zu entwickeln, wenn sie in einer Katzengemeinschaft aufgezogen wurde. Daher kann sie einen Mangel an sozialen Fähigkeiten entwickeln, wenn sie in einer sozial armen Umwelt, wie dem Fehlen der Mutter oder einer anderen erziehenden erwachsenen Katze und ohne Geschwister, aufgezogen wird.

Diagnostische Kriterien

- Ein durchgehendes Muster fehlender sozialer Fähigkeiten, Unfähigkeit mit sozialen Beschwichtigungsritualen zu kommunizieren oder Aggressivität bei Katzen über 12 Wochen, wie es durch folgende objektive Anzeichen charakterisiert wird:
  - Anzeichen gegenüber anderen Katzen:
    - Fehlende Beschwichtigungshaltungen.
    - Fehlende Kontrolle beim Zubeißen und Kratzen (verursacht Schmerzen und Verletzungen) im Spiel, bei kompetitiven und milden defensiven (irritativen) Aggressionssequenzen.
    - Impulsive Reaktionen.
  - Anzeichen gegenüber Menschen:
    - Fehlende Kontrolle beim Zubeißen und Kratzen (verursacht Schmerzen und Verletzungen) im Spiel, in kompetitiven und milden defensiven (irritativen) Aggressionssequenzen.
    - Intoleranz gegenüber Zwang und Manipulation.
    - Gelegentlich Hyperattachment.
- Spezifizieren, ob:
  - Verwaistes oder handaufgezogenes Kätzchen.
  - Andere entwicklungsbedingte Ursache.
- Die dyssoziale Störung tritt nicht ausschließlich im Verlauf einer anderen Störung wie einer unipolaren Hyperepisode auf.
- Die Störung wird durch eine andere Beschreibung nicht besser erklärt.

Ätiologie

Die Störung kann durch die Abwesenheit der Mutter (oder einer anderen erwachsenen Katze oder Ersatzlehrer) und fehlende Erziehung vor der 9. Woche verursacht werden.

Impulsive Persönlichkeitsstörung

Diese Störung betont die Geschwindigkeit der Verhaltensreaktionen der Katze.

Diagnostische Kriterien

- Diese Störung wird durch die meiste Zeit andauernde, praktisch täglich auftretende, objektive Anzeichen von Impulsivität charakterisiert:
  - Zeigt oft unangepasste aggressive Impulse, die in einer aggressiven Attacke ohne oder mit minimaler Drohphase (daher unvorhersehbar) enden und Schwierigkeiten, das Zubeißen oder Kratzen zu kontrollieren.
  - Reagiert oft auf die geringste Stimulation, noch bevor sie fähig ist, die Antwort an die Situation anzupassen.
  - Hat oft Schwierigkeiten zu warten, bis sie an der Reihe ist (stürzt sich auf die Futterschüssel, bevor sie am Boden steht).
  - Unterbricht die Aktivitäten anderer oder ist invasiv (zum Beispiel bei Spielen).
  - Scheint oft unfähig, die Erregung zu kontrollieren, wird übererregt, was zu unkontrollierter Aggression oder Stereotypien führt.
- Die Geschwindigkeit der (aggressiven) Antwort steht in keinem Verhältnis zum auslösenden psychischen Stressor.
- Das Verhalten interferiert signifikant mit dem Alltag, den Beschäftigungen und sozialen Aktivitäten der Katze.
- Diese Verhaltensweisen werden durch eine andere Störung wie Hyperaktivitätsstörung, unipolare Störung, Angststörung bei zusammenlebenden Katzen nicht besser erklärt und sind nicht Folge der direkten Effekte einer Substanz (wie einer Medikation) oder einer allgemeinen medizinischen Störung.

Ätiologie

Unklar, vermutlich sind genetische Faktoren beteiligt.

Evolution

Katzen mit einer impulsiven Persönlichkeit entwickeln sehr leicht Hyperaggression und können gefährlich sein.

9 Prävention von Verhaltensstörungen

Dem praktischen Tierarzt kommt bei der Beratung des Katzenbesitzers, sowohl im Hinblick auf artgerechte Haltung wie auch für die Prophylaxe von Verhaltensstörungen große Bedeutung zu. Dieses Arbeitsfeld hat bei Weitem noch nicht die Ausdehnung, die ihm zusteht und wird in seiner Bedeutung noch unterschätzt.

Die Prophylaxe von Verhaltensstörungen beginnt bereits bei der Auswahl der richtigen Katze – das gilt ganz besonders für die reine Wohnungskatze.
Es ist zwar noch selten, dass sich Besitzer vor dem Erwerb einer Katze beim Tierarzt informieren, das mag aber auch daran liegen, dass Informationen zu diesem Bereich des tierärztlichen Leistungsspektrums noch nicht entsprechend weitergegeben und beworben werden.

9.1 Auswahl einer Katze

Bei der Beratung zur Auswahl einer Katze sollte auf folgende Punkte hingewiesen werden:

- Genetischer Hintergrund: Die genetischen Grundlagen beeinflussen das Verhalten der Katze. Freilauf- und Bauernkatzen sind nach dem Prinzip „Survival of the fittest" selektiert. Diese Selektion nach überlebenswichtigen Fähigkeiten können vor allem bei der reinen Wohnungshaltung problematisch werden. Rassekatzen sind nicht nur nach ihrem Phänotyp, sondern auch nach ihrer Fähigkeit in engem Kontakt mit Menschen zu leben selektiert.
- Sozialisation und Aufzuchtbedingungen: Die Sozialisationsphase der Katze endet mit der 7. Woche, das heißt bevor sie vom Besitzer übernommen wird. Nicht oder mangelhaft sozialisierte Katzen sind potenzielle Problemkatzen. Dies umso mehr, je lebhafter und chaotischer der neue Haushalt ist. Mit Freilaufmöglichkeit aufgewachsene Katzen sollten nicht für die reine Wohnungshaltung ausgesucht werden.
- Handaufzucht von Kitten: Bei der Handaufzucht von Kitten sollten nach Möglichkeit erwachsene Katzen zur Erziehung anwesend sein. Kastrierte Kater eignen sich für diese Aufgabe ganz besonders gut. Wenn diese Möglichkeit nicht besteht, müssen die Kätzchen stufenweise entwöhnt und mit zunehmender Frustration konfrontiert werden.
- Selbstkontrolle: Test zur psychomotorischen Selbstkontrolle der Jungkatze (S. 20).

9.2 Auswahl einer Zweitkatze

Die Frage: *„Soll ich eine zweite (weitere) Katze zu meiner Katze dazunehmen?"* taucht relativ häufig im Gespräch mit Katzenbesitzern auf.

- Voraussetzung für eine zweite oder weitere Katze ist, dass die bereits vorhandenen Katzen sozial und gut sozialisiert sind.
- Die Katzen müssen charakterlich und von ihrem Aktivitätsbedürfnis gut zusammenpassen.
- Gleichgeschlechtliche Paare verstehen sich gut und ähneln sich in ihrer Art zu spielen.
- Zu älteren oder ungeselligen Katzen sollten eher zwei zueinander passende Jungkatzen genommen werden, damit die ältere Katze nicht zu sehr belästigt wird.
- Jungkater, die mit Kätzinnen zusammenleben, sollten frühzeitig kastriert werden, um soziale Probleme und Angst zu vermeiden.

9.3 Verlust einer Partnerkatze

Der Verlust einer befreundeten Partnerkatze veranlasst viele Besitzer, die zurückgebliebene trauernde Katze sofort mit einer neuen Katze zu konfrontieren.

- Katzen haben jedoch persönliche Freundschaften, und Freunde können nicht durch beliebige andere Katzen ersetzt werden.
- Eine neue Katze sollte erst erwogen werden, wenn die zurückgebliebene Katze ihre Trauerphase (3 bis 6 Wochen) hinter sich hat.
- Katzen, die nach dem Verlust einer Partnerkatze aufblühen, sollten alleine bleiben oder nur eine nicht zu selbstbewusste neue Partnerkatze bekommen.

Bei sehr gut befreundeten Katzen sollte die zurückbleibende Katze nach Möglichkeit einige Zeit haben, die tote Katze zu sehen oder zu beschnuppern. Es ist nicht klar, was genau die Katze dabei erkennt oder realisiert, aber es ist eine grundsätzliche Frage des Respekts für die kognitiven und emotionalen Bedürfnisse eines intelligenten und sozialen Lebewesens, ihr diesen Abschied zu gestatten.

9.4 Aneinandergewöhnen von Katzen

In der Regel erwarten sich Besitzer von der ersten Katzenbegegnung zu viel und sind enttäuscht bis verzweifelt, wenn dabei nur gefaucht und geknurrt wird. Es besteht große Unsicherheit, ob sie eingreifen sollen oder nicht.

- Vor der ersten Begegnung können Pheromone der beiden Katzen schon einige Tage über Handtücher oder Decken auf Liegeplätzen ausgetauscht werden. Auf diese Weise haben sich die Katzen geruchlich schon etwas bekannt gemacht.
- Mit dem Feliway® Diffuseur entsteht eine entspannte Atmosphäre bei der ersten Begegnung.

- Distanzierung durch Fauchen und Knurren oder Pfotenhiebe sind üblich und kein Grund einzuschreiten. Die Katzen schleichen umher und beschnuppern die Spuren der jeweils anderen.
- Ansatzlose proaktive Attacken, Jaulen oder Singen sind ein Grund einzuschreiten und die Begegnung abzubrechen.

9.5 Beschäftigung, Erziehung und Wohnungsgestaltung für Katzen

Gerade bei der ausschließlichen Wohnungshaltung werden die artspezifischen Bedürfnisse der Katze häufig ignoriert. Die auseinanderklaffenden Ansprüche von Besitzer und Katze sind eine Quelle für Missverständnisse und Verhaltensprobleme. Alle ökoethologischen Therapien (S. 145) können und sollen bereits in der Prävention Anwendung finden.

- Katzen sind Raubtiere und brauchen ausreichend Möglichkeit, ihre Energie in Jagdspielen abzubauen.
- Katzen können gut erzogen werden – die wichtigste Voraussetzung ist Konsequenz und Ausdauer. Körperliche Strafen sind für die Katze die am wenigsten geeignete Erziehungstechnik.
- Katzen sollten Zugang zur dritten Dimension haben – wer alle erhöhten Stellen wie Couch, Anrichte und Regale zur Tabuzone erklären möchte, sollte sich eine Porzellankatze anschaffen.
- Saubere, ausreichend große, viele und mit katzengerechter Einstreu angebotene Katzenklos sind die beste Prävention gegen Unsauberkeit.

9.6 Rückkehr nach Tierarztbesuch, Narkose oder Hospitalisierung

Katzen, die nach vorübergehender Abwesenheit aus der Gruppe wieder zurückkehren, werden in manchen Fällen nicht erkannt und von den Daheimgebliebenen angegriffen. Das Risiko ist besonders groß, wenn sie einen veränderten Geruch, Aussehen oder Verhalten haben. Ernsthafte Aggression ist zwar selten, aber die entstehenden Schäden an der Katzenbeziehung sind manchmal nicht wieder gutzumachen.

- Katzen eventuell gemeinsam in die Praxis transportieren. Bei wenig befreundeten Katzen kann jedoch der Stress und die unausweichliche räumliche Nähe im Transporter Aggression auslösen.
- Nach einer Narkose darf die Katze erst dann wieder mit anderen in Kontakt kommen, wenn sie vollständig wach und koordiniert ist. Es besteht die Gefahr, dass sie aufgrund der unkoordinierten Bewegungen attackiert wird oder in ihrem verwundbaren Zustand selbst Angstaggression zeigt.

- Nach einer längeren Abwesenheit sollte die rückkehrende Katze einige Zeit allein in einem Raum sein, gestreichelt oder mit einer heimischen Decke abgerieben werden, bis sie wieder den vertrauten Gruppengeruch angenommen hat.

Lexikon

Aggression: Aggression ist ein Verhalten, das zu einer Beeinträchtigung der physischen und/oder psychischen Integrität oder der Freiheit eines anderen führt.

Agonistisches Verhalten: Alle Verhaltensweisen, die zur Lösung eines Konflikts beitragen.

Aktivität, substitutive: Wenn sich ein Individuum in einer physischen oder psychischen Konfliktsituation befindet, in der es nicht in seiner gewohnten Art reagieren kann, zeigt es Aktivitäten, die mit dem Kontext in keinem direkten Zusammenhang stehen.

Allomarkieren: Markieren eines Sozialpartners mit Pheromonen durch Reiben des Kopfes oder Körpers, Belecken.

Angst: Angst ist eine heftige Verhaltensreaktion eines Individuums auf einen unbekannten oder bekannten Reiz, den es für sehr gefährlich hält, in einem Milieu, das keine Flucht oder Exploration erlaubt. Das Angstverhalten wird von neurovegetativen Reaktionen wie Transpiration, Tachykardie, Tachypnoe, Salivation oder emotional bedingtem Harn- und Kotabsatz oder Entleeren der Analbeutel begleitet. Siehe auch Furcht.

Antizipation: Antizipation ist ein Prozess der Assoziation zeitlich zusammenhängender Reize mit einem Ereignis. Das Verhalten wird durch Antizipation bereits von einem Reiz ausgelöst, der noch vor dem eigentlichen auslösenden Reiz auftaucht. Pathologische Antizipation führt zu Hypervigilanz und zunehmender Beeinträchtigung. Siehe auch Hypervigilanz, Generalisierung und Sensibilisierung.

Bindung (Attachment): Bindung ist ein besonderer Lernprozess, der die Identifikation eines privilegierten Individuums oder Objekts, das Sicherheit und Beruhigung bietet, ermöglicht. Die primäre Bindung entsteht durch Vermittlung von Pheromonen zwischen Mutter und Neugeborenen. Bindung ist lebenswichtig und unerlässlich für die Prägung und eine gute psychomotorische, kognitive und soziale Entwicklung. Eine über die Pubertät hinaus persistierende übermäßige Bindung ist ein Hyperattachment, das zur Abhängigkeit und trennungsbedingten Störungen führt.

Desensibilisierung: Die Habituation des Individuums in einem entspannten Zustand durch schrittweise Exposition gegenüber einem Reiz mit steigender Intensität.

Desinhibition: Ist ein Prozess, durch den Reaktionen bei einem inhibierten Individuum aktiviert werden. Desinhibition ist physiologisch, wenn ein Verhalten nach einer refraktären Periode wieder aktiviert wird. Pathologische Desinhibition führt zu einem erregten Zustand.

Enkopresis: Emotional bedingte Defäkation am Liegeplatz während des Schlafs oder in Ruhe.

Enuresis: Emotional bedingte Miktion am Liegeplatz während des Schlafs oder in Ruhe.

Extinktion: Begriff aus der Lerntheorie und effektive erzieherische Technik, die darin besteht, mit einer Bestärkung (Belohnung) aufzuhören, um ein zuvor belohntes Verhalten zu löschen.

Furcht: Furcht ist die mäßige Verhaltensreaktion eines Individuums auf einen unbekannten oder bekannten Reiz, den es als wenig gefährlich ansieht in einem Milieu, das Flucht oder Exploration erlaubt. Siehe auch Angst.

Gegenkonditionierung: Technik der Verhaltensmodifikation, bei der ein unerwünschtes Verhalten durch ein mit demselben auslösenden Reiz assoziiertes neues (mit dem unerwünschten inkompatiblen) Verhalten konditioniert wird.

Generalisierung: Ist ein Prozess, der die Assoziation mehrerer ähnlicher Reize mit der gleichen Verhaltensreaktion (oder autonomen Reaktion) ermöglicht. Pathologische Generalisierung führt zu einem erregten Zustand und Reaktionen auf immer mehr Reize, die dem ursprünglichen auslösenden Reiz immer unähnlicher werden. Siehe auch Antizipation, Sensibilisierung, Hypervigilanz.

Habituation: Habituation ist die Fähigkeit zu lernen, auf bestimmte Reize nicht mehr zu reagieren. Dadurch kommt es zur Verringerung oder dem Verschwinden der Reaktion auf einen wiederholt präsentierten Reiz.

Hyperattachment: Übermäßige Bindung über die Pubertät hinaus und damit Abhängigkeit von einer Bezugsperson oder einem Bezugswesen.

Hyperphagie: Übermäßige Futteraufnahme als substitutive Aktivität.

Hypervigilanz: Zustand der übersteigerten Wachheit (Vigilanz) oder Wachsamkeit gegenüber der geringsten sensorischen Information.

Inhibition: Inhibition ist der Prozess, der eine Verhaltensreaktion stoppt. Physiologische Inhibition beendet die Verhaltenssequenz nach der Aktivitätsphase. Pathologische Inhibition führt zu einem starren, wie versteinerten Zustand. Siehe auch Desinhibition.

Instrumentelle Konditionierung: Die instrumentelle oder operante Konditionierung ist die Verknüpfung bestimmter bewusster Handlungen mit einer bestimmten Wirkung auf die Umgebung. Die Art dieses Effekts hat einen Einfluss auf die Wahrscheinlichkeit des Wiederauftretens dieses Verhaltens.

Klassische Konditionierung: Die klassische Konditionierung ist die Verknüpfung eines primär neutralen Stimulus mit einem unbewussten biologischen (vegetativen) Vorgang wie zum Beispiel Speichelfluss, Tachykardie, Transpiration, etc.

Kompulsion: Kompulsionen sind übertriebene und zwanghafte komplexe Handlungen, um Stress oder Anspannung zu reduzieren.

Obsession: Obsessionen sind persistierende oder wiederkehrende Gedanken, Bilder oder Impulse. Diese sind beim Tier (und Kind) nicht direkt zugänglich, jedoch zweifelsohne vorhanden. Obsession entspricht der kognitiven Ebene bei der OCSD; es muss beim Tier und beim Kind keine Einsicht in die Unsinnigkeit dieser Gedanken oder Bilder bestehen.

Obsessiv-kompulsives Störungsspektrum (OCSD): Komplexe repetitive Handlungsmuster aufgrund von Obsession oder Kompulsion, die normale Aktivitäten deutlich beeinträchtigen. Die Themen von OCSD stehen beim Tier häufig mit überlebenswichtigem Verhalten oder jagdlichen Verhaltensweisen im Zusammenhang. Der Übergang vom komplexen Muster einer OCSD zur einfachen stereotypen Bewegungsstörung ist kontinuierlich.

Onychophagie: Nägelbeißen.

Pica: von lat. Elster; Aufnahme von ungenießbaren und unverdaulichen Dingen wie Textilien, Kunststoffe, Einstreu, Sand etc. Pica kommt bei Jungtieren als physiologisches Explorationsverhalten, bei erwachsenen Tieren im Rahmen von obsessiv-kompulsiven Störungen und schweren Erkrankungen vor.

Rolling Skin: Wellenartige Muskelzuckungen am Rücken der Katze bei Erregung, Irritation und Juckreiz.

Sensibilisierung: Sensibilisierung ist der gegenteilige Prozess der Habituation. Die Reaktion eines Tieres auf den gleichen Reiz wird immer intensiver. Siehe auch Habituation.

Stereotypie: Auch stereotype Bewegungsstörung. Repetitive, scheinbar getriebene und einfache nichtfunktionale Bewegungs- oder Vokalisationsmuster, die normale Aktivitäten deutlich beeinträchtigen oder zur Selbstverletzung führen. Siehe auch obsessiv-kompulsives Störungsspektrum.

Trichotillomanie: Zwang, sich Haare auszureißen.

Verhaltensmedizin: Fachgebiet der Veterinärmedizin, das sich mit der Pathogenese, Diagnostik und Therapie von psychischen Störungen bei Tieren befasst. Synonyme Begriffe sind Veterinärpsychiatrie oder Zoopsychiatrie.

Verhaltenstherapie: Verhaltenstherapien sind Interventionen, die den auslösenden Stimulus und/oder die Konsequenzen eines Verhaltens beeinflussen. Eine von vielen therapeutischen Möglichkeiten im Rahmen der Verhaltensmedizin. Der Begriff wird fälschlicherweise auch als pars pro toto anstelle von Verhaltensmedizin verwendet.

Referenzen und weiterführende Literatur

- American Psychiatric Association. Diagnostisches und Statistisches Manual Psychischer Störungen DSM-IV. Hofgrefe Verlag; 2001.
- Beaver BV. Feline Behavior: A Guide for Veterinarians. WB Saunders; 1992.
- Bradshaw J, Bale V, Casey R. Pica in Siamese cats: association with other behavioural abnormalities. In: Dehasse J, Biosca E, eds. Proceedings of the 8th ESVCE Meeting on Veterinary Behavioural Medicine. Publibook; Granada 2002: 77-81.
- Chappuis-Gagnon A-C. Comportement du chat: biologie et clinique. Edition du Point Veterinaire; 2003.
- Dehasse J. Le chat hors du commun. Montreal: Le Jour Editeur; 1998.
- Frank D, Dehasse J. Differenzial diagnosis and management of human-directed aggression in cats. Vet Clin North Am Small Anim Pract 2003; 33: 269-286.
- Horwitz D, Mills D, Heath S, eds. BSAVA Manual of Canine and Feline Behavioural Medicine. British Small Animal Veterinary Association; 2002.
- Miller WR, Rollnick S. Motivational Interviewing. Preparing People to Change Addictive Behavior. The Guilford Press; 1991.
- Moles AA. Les sciences de l'imprécis. Paris: Editions du Seuil; 1995.
- Mücke K. Probleme sind Lösungen. Systemische Beratung und Psychotherapie – ein pragmatischer Ansatz. Potsdam: Klaus Mücke Ökosysteme Verlag; 2001.
- Neilson JC, Cramer C. The use of oral fluorescin in cats to identify participants in house-soiling. In: Seksel K, et al. eds. Proceedings of the 4th International Veterinary Behaviour Meeting. University Sydney; 2003: 63-67.
- Pageat P, Gaultier E. Current research in canine and feline pheromones. Vet Clin North Am Small Anim Pract. 2003; 33: 187-211.
- Pageat P. Pathologie du comportement du chien. Maisons-Alfort: Edition du Point Veterinaire; 1998.
- Schlippe, von A, Schweitzer J. Lehrbuch der systemischen Therapie und Beratung. Göttingen: Vandehoek & Ruprecht; 1999.
- Schroll S. Pheromontherapie – eine neue Therapieform in der Veterinärmedizin. Kleintiermedizin 2002; 4: 155-159.
- Simpson BS, Papich MG. Pharmacologic management in veterinary behavioral medicine. Vet Clin North Am Small Anim Pract 2003; 33: 365-404.
- Turner DC, Bateson P, eds. The Domestic Cat. The biology of its behaviour. Cambridge University Press; 2000.
- Virga V. Behavioral dermatology. Vet Clin North Am Small Anim Pract. 2003; 33: 231-251.

Empfehlenswerte Literatur für Katzenbesitzer:

- Schroll S. Miez, Miez – na komm! Artgerechte Katzenhaltung in der Wohnung. Niebüll: Verlag Videel; 2001.
- Schroll S. Aller guten Katzen sind…? Der Mehrkatzen-Haushalt. Niebüll: Verlag Videel; 2003.

Sachregister

Fette Seitenzahl: Haupteintrag
Kursive Seitenzahl: Bild oder Tabelle

A

B